小小太空探索图书馆

国际空间站

刘勇◎编著

北京理工大学出版社
BEIJING INSTITUTE OF TECHNOLOGY PRESS

图书在版编目（CIP）数据

国际空间站 / 刘勇编著 . — 北京 : 北京理工大学出版社 , 2019.4

ISBN 978-7-5682-6944-5

Ⅰ . ①国… Ⅱ . ①刘… Ⅲ . ①星际站 – 儿童读物 Ⅳ . ① V476.1–49

中国版本图书馆 CIP 数据核字 (2019) 第 071630 号

出版发行 / 北京理工大学出版社有限责任公司

社　　址 / 北京市海淀区中关村南大街 5 号

邮　　编 / 100081

电　　话 /（010）68914775（总编室）

　　　　　（010）82562903（教材售后服务热线）

　　　　　（010）68948351（其他图书服务热线）

网　　址 / http://www.bitpress.com.cn

经　　销 / 全国各地新华书店

印　　刷 / 保定市中画美凯印刷有限公司

开　　本 / 889 毫米 ×1194 毫米　1/16

印　　张 / 7　　　　　　　　　　　　　　　　责任编辑 / 武丽娟

字　　数 / 120 千字　　　　　　　　　　　　　文案编辑 / 武丽娟

版　　次 / 2019 年 4 月第 1 版　2019 年 4 月第 1 次印刷　　责任校对 / 刘亚男

定　　价 / 36.00 元　　　　　　　　　　　　　责任印制 / 李志强

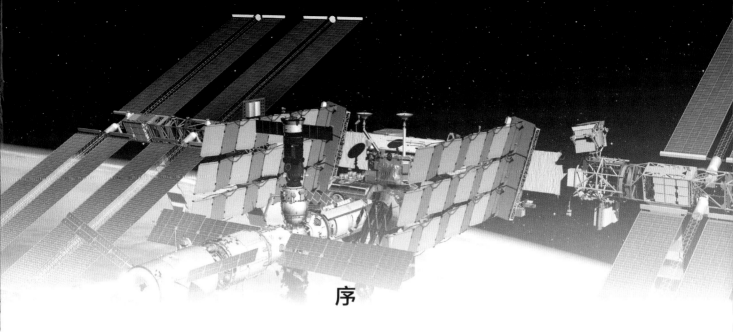

序

习近平总书记指出，探索浩瀚宇宙，发展航天事业，建设航天强国，是我们不懈追求的航天梦。经过几代航天人的接续奋斗，我国航天事业创造了以"两弹一星"、载人航天、月球探测为代表的辉煌成就，走出了一条自力更生、自主创新的发展道路，积淀了深厚博大的航天精神。

一个民族素质的提高与科普有很大关系。所以，尽管工作很忙，但我还是尽可能地在全国范围内，针对不同受众，其中也包括大量中、小学生，努力地开展航天科普活动。近几年来，围绕人类为什么要开展航天活动、中国空间技术的发展、中国的探月工程、小行星探测意义等主题，我每年平均要做20多场科普报告，深受听众欢迎。但只靠讲和听，受众还是十分有限，有的内容对小读者们来说也不太易懂、并不十分适合。为此，北京理工大学出版社策划出版了《小小太空探索图书馆》丛书，就是要把有关航天科普的内容和精彩生动的故事以更加有趣易懂的形式展现给更多的小读者。本丛书出版的初衷就是希望能够更大地激发青少年对太空探索的兴趣，对未知领域探索的兴趣，并向几代航天人的航天精神、科研精神致敬。

丛书第一辑共5册，邀请了来自中国空间技术研究院、中国科学院国家空间科学中心、中国科学院国家天文台、北京大学等单位的一线工作者、科普积极分子和优秀科普作家精心编写，力图语言简洁明快，图文并茂，并融入让静态图文"活"起来的增强现实（AR）技术，可以通过扫描二维码随手进入"视听"情境。丛书通过讲述嫦娥探月、火星及深空探测器、国际空间站和太空望远镜等国内外太空探索历程中耳熟能详且备受关注的话题，带领小读者们一同畅游广袤无垠的神奇太空：从月球传说到探月工程，人类由远望遐想变为实地探测；从第一个火星探测器的诞生到计划载人登陆火星，这期间有许多已经发生和可能还会发生的失败历程；从先锋号探测器到旅行者号，人类探索太空的脚步愈来愈远；从国际空间站计划到实际建成，中国宇航员在我国自己的空间实验室及未来的中国空间站中吃、住、工作与休闲的情景都将一一展现在小读者面前；从哈勃望远镜到韦伯太空望远镜，太空观测技术的进步让人类与浩瀚星海的距离不断拉近，终可更清楚地一睹它们的魅影……太空探索的道路是曲折的，也是神奇有趣的，更是有巨大意义的！当一个个未知的星体被发现，当一个个已知的难题被攻破，当一个个新的问题呈现眼前，那份自豪与兴奋是难以言表的。

星空浩瀚无比，探索永无止境。相信在不久的将来，天空中会有更多的中国星，照亮中国，也照耀世界。航天梦作为中国梦的一个重要组成部分，它的实现必然极大地鼓舞全国人民，激发民族自豪感，凝聚世界华人力量。希望本丛书既能满足小读者们了解航天新知识及其发展前景的渴求，也能激发小读者们对航天事业的兴趣，培养小读者们的科学探索精神。相信小读者们在阅读丛书的过程中一定会有所收获，并能产生对科学、对航天的热爱，这就是本丛书的价值所在。

愿《小小太空探索图书馆》丛书能成为广大小读者的"解渴书""案头书"和"枕边书"。祝愿小读者们能够在阅读中感受到更多的乐趣，同时得到更多的知识！

中国科学院院士

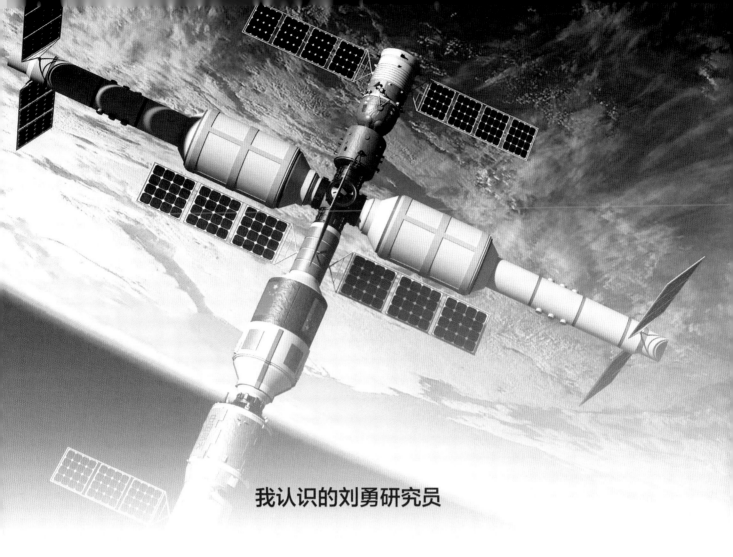

我认识的刘勇研究员

刘勇研究员的科普图书就要出版了，我忽然想起了2010年那个冬天在旧金山第一次见到他的情形。

那时我还是中国科学院空间科学与应用研究中心的副主任（中心2012年更名为国家空间科学中心），正在筹划后来为我们赢得了很多声誉的空间科学先导专项。为了先导的成功，我们亟需引进人才，一直在诸多美国的留学生中寻找合适引进回国的人才。刘勇博士进入我的视野是因为他在空间科学仪器方面的经验，他在美国负责美国宇航员卫星项目的数据定标。数据定标一直是我国空间科学仪器设备的一个弱项，正是我们需要加强的。当时在新罕布什尔大学做研究科学家的刘勇也希望回国发展。我特别理解他的心情，虽然他在所在的仪器研制小组是非常受重视的年轻科研骨干，但毕竟故土难离。于是我们很快就确定下来以中科院百人计划的身份将他引进回国。

后来我和一些同行谈起刘勇，好几个了解他的同行们都交口称赞他有团队精神，特别容易相处，在他们那个学校更是有口皆碑。他总是喜欢帮助那些新来的同学，特别是那些没人帮的男生。每到周末，常常有一帮新同学搭着他的车去买菜，他也因此赢得了其他中国留学生的尊重和喜爱。

刘勇研究员回国后第一次在同行面前亮相就是竞争先导专项的背景型号。刘勇研究员的报告铿锵有力、简洁明快，一下子就征服了在场的评委。他的报告刚做完，在场的一位地球化学专业的院士就说了四个字"我听懂了"。这位院士对空间物理并不十分熟悉，而且非常挑剔，很少称赞别人。刘勇研究员当时用了很多形象的比喻，深入浅出地解释了项目的探测目标、意义，以及工程设计思路。由于报告的成功，刘勇研究员所负责的项目一路绿灯，迅速进入背景型号阶段，他本人也从此顺利开启了他的百人计划。

其实我从来没有机会听刘勇研究员的科普报告，只是从新闻和一些同事那里得知了一些关于对他的报告的评价。他第一次科普是在广州讲空间天气，只讲了三个问题"什么是空间天气""为什么需要研究空间天气"和"怎样研究空间天气"。这几个问题正是空间天气科普中关键的问题，善于把复杂的科学问题用简单形象的比喻解释出来正是刘勇研究员的擅长，比如什么太阳就像个油炸冰淇淋，还有太阳风就像火锅里冒出来的水蒸气，等等。

我们单位每年六一儿童节都会组织给职工的子女做科普讲座。刘勇研究员应该是上这个讲台最多的一位，也是最受大家欢迎的一位。他总是能抓住前来参加的每个儿童的心，不论是幼儿园孩童、小学一年级学生还是中学生。我常常在思考一个问题，为什么他能抓住每一个小孩的心？难道是已人到中年的刘勇研究员还始终保持一颗童心？也许读完这本书，你心中就会有答案。

中国科学院空间科学中心主任

目录
CONTENTS

国际空间站

《国际空间站》AR 互动使用说明

❶ 扫描二维码，下载安装"4D 书城"App;

❷ 打开"4D 书城"App，点击菜单栏中间扫码按钮
，再次扫描二维码下载本书;

❸ 在"书架"上找到本书并打开，对准带有
页面画面扫一扫，就可以参观国际空间站了!

CHAPTER 1

第一章

谁预言了空间站

　　"不知天上宫阙，今昔是何年"。自古以来，人类对太空充满了幻想。嫦娥奔月的神话一直流传至今，美丽的嫦娥仙子，使我们对月宫充满无限的遐想。玉帝、王母、瑶池、天河这些神话中的人物和天上美丽的风景，时时刻刻吸引着人们，幻想有朝一日，能飞往天上人间，过上神仙一样的日子。

　　人类从蒙昧中逐渐走出，认识到最亮的几颗星星和地球一样是太阳的行星，而月球是地球的一颗卫星。随着望远镜的广泛应用，人类开始了解真正的月球，它上面没有月宫，只有大大小小的陨石坑。这个结果让人失望，不过飞向太空甚至登上月球的想法一直没有停止。

月球表面的陨石坑（图片来源：NASA）

科学与幻想

牛顿发现了万有引力定律之后，就开始考虑，如果一个物体飞行足够快的话，就会像月球一样围绕地球运动，成为地球的一颗卫星。这个速度界限就是人们熟知的第一宇宙速度，7.9 千米每秒，或者说 28 440 千米每小时。这个速度非常大，差不多是我们熟知的高铁速度的 100 倍，或者普通民航飞机的 20 多倍。这是最早的人造地球卫星的概念设计，在当时来说达到这个速度，是不可能的，牛顿也没有给出方案，从而给了后来人想象的空间。

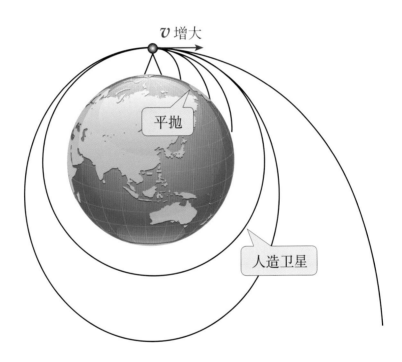

牛顿人造地球卫星的设想图

法国科幻作家凡尔纳在小说《从地球到月球》中曾幻想过用一门巨型大炮把人打到月球上的方法。小说中还把一只猫装进炮弹进行实验，看看动物能不能经受住大炮的巨大冲击力。虽然小说中的猫幸运地活了下来，但从现在的角度看，大炮的方法是绝对不可取的。如果利用火药爆炸，在很短的时间内，把炮弹加速到接近 10 千米每秒，所需要的力就超过了动物身体所能承受的极限，凡尔纳在这个问题上过于乐观了。他显然没有真正做过小说中的实验，否则那只可怜的猫和第一次代替人登上太空的狗一样必死无疑。

在大西洋另一边的美国，科幻作家希尔写了一部关于人造飞行器"砖块月亮"的科幻小说。"砖块月亮"搭载着几个人，从地球发射上天，并且在太空中生活了一段时间。据了解，这是最早关于空间站的设想。那是 1869 年，这个时候距离人类进入太空时代还有 100 多年。1869 年，"航天之父"俄国人齐奥尔科夫斯基才刚刚 12 岁，跟小读者差不多大。

齐奥尔科夫斯基

怎么把人送上太空？1903 年，齐奥尔科夫斯基发表了论文"利用反应机器来进行太空旅行"（*Exploration of the World Space with Reaction Machines*）。在这篇和随后的一系列论文中，齐奥尔科夫斯基详细讨论了利用火箭飞向太空的原理，其中最著名的就是齐奥尔科夫斯基公式，这个公式算出为了获得一定的速度增量，火箭需要消耗多少燃料。不过受当时技术的限制，造出一枚真正的火箭是绝对不可能的，还要经过几代科学家的努力才能造出真正把人类送上太空的大型火箭。

从地球到月球（人民文学出版社出版）

齐奥尔科夫斯基

"土星五号" 火箭的第一级，19 世纪工业不够发达，完全没有可能做出类似的装置

在地球之外

虽然不能真正造出火箭实现人类登上太空的梦想，想象一下也不错。太空中的生活又是怎样的场景呢？齐奥尔科夫斯基在一部科幻小说中对这个问题进行了科学的想象，小说中的很多解决方法在现在看来也是非常有用的。

这部名为《在地球之外》的小说用现在的观点看就是一部穿越小说。小说设定了一个很有趣的场景，2017年七位科学家和一些技术工人一起生活在喜马拉雅山的一个城堡中。这些人物包括：英国人牛顿、意大利人伽利略、法国人拉普拉斯、美国人富兰克林、德国人赫姆霍兹、瑞典人诺登舍得和俄国人伊万诺夫。这个团队中除了俄国人伊万诺夫和被称为工程师的诺登舍得，其他都是当时已经知道的最杰出的科学家。牛顿、伽利略、

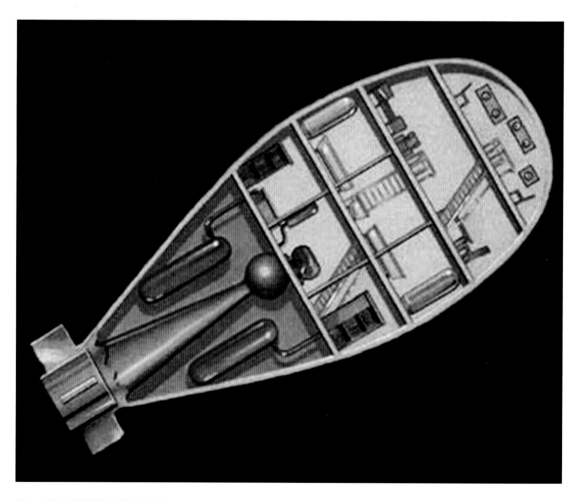

齐奥尔科夫斯基的飞船示意图

拉普拉斯和富兰克林就不用说了。德国人赫姆霍兹第一次以数学的方式提出了能量守恒，除了精通物理学，他同时还是一位生物学家。特别指出，诺登舍得是一位探险家、地理学家和矿物学家，最早完成了环北极的探险。小说中在大家都犹豫要不要去月球的时候，正是因为这位探险家的坚持才去成。值得注意的就是这个团队除了物理学家还包括精通生物的赫姆霍兹以及探险家代表诺登舍得，这说明作者当时已经注意到航天将会是一个多学科的组合，其中也不乏探险的元素。

这些科学家在城堡中对飞向太空的问题展开讨论，首先牛顿否定了用大炮的方法，然后俄国人伊万诺夫，这个人物对应的就是作者自己，提出了用火箭来提供动力的方法。火箭在当时是一个新事物，伽利略表示出了对火箭的担忧，毕竟坐在一堆炸药上并不是一件令人愉快的事情。如何让这些"炸药"按照设计方式逐步爆炸而不是整体崩裂，是一项非常有挑战的工作。当然这些问题难不倒19世纪以前最强的科学团队。经过努力，科学家们克服了重重困难完成了火箭的第一次试飞实验。随后一个更加复杂和庞大的火箭被制造出来并且和一个"生活舱"组装在一起；牛顿、拉普拉斯、富兰克林和伊万诺夫四位科学家和一些技术工人乘坐火箭船开始了他们的太空旅行。

除去各种美好的想象，太空旅行其实就是一种探险，而且风险非常高。即使今天，我们也很难保证每次发射任务100%成功。发射过程中宇航员需要承受因为加速导致的超重，太空中的水和空气更是一种奢侈品，虽然它们在地球上几乎随处就可以得到。此外，生命存活还需要有足够的食物和适宜的温度。飞船中失重状态下的宇航员们怎么生活，如何保证飞船上的能源供应，小说中的科学家们对这些问题给出了一些带有猜想性的答案。很多答案在今天看来仍然是科学的。

宇航员生活在密闭的生活舱中以保证氧气的供应，如果要去舱外，必须穿上特制的宇航服，还要通过一个类似减压舱的装置。飞船上种植了一些植物以获得氧气和食物。船上所有的东西都要绑住，如家具、餐具等，以防止它们在失重的情况下到处乱飞。为了控制飞船的温度，同时又节省能源，科学家们把飞船外壳漆成了黑色，以便更好地吸收太阳光。

齐奥尔科夫斯基提出的飞船上的一些解决方法也许并不可行。比如科学家们被泡在一种特殊的液体中来缓解超重对身体的影响，不过可以理解为一种特别的减震装置。飞船在刚开始飞行的阶段，和地面之间的通信使用的就是飞船上的灯光，利用开灯和关灯来发送莫尔斯电报码。小说的后半段，飞船开始使用电报和地面进行通信，不过发的不是电波，而是用镜子反射的阳光。利用可见光来发报现在看来不一定就不可行，当然无线电波要方便很多。这部小说完成于 1917 年十月革命之前，在作者写这部小说的时候，马可尼已经完成了电波跨越大西洋的实验。那个年代信息传播本来就不发达，加上作者当时生活在一个封闭的村子里面，对电波的工作原理并不了解也就不足为奇了。

小说的后半段，人们开始建造一个太空城市，更多的人开始移民太空，还利用太空中的一些原材料进行生产。飞船上的科学家还登上了月球，发现了想象中月球上的奇特生物，还有一些宝贵的金属矿和钻石。这些美好的想象吸引着人类探索宇宙。

小说中的飞船和太空城市可以看作是国际空间站的雏形，正如齐奥尔科夫斯基本人所说"地球是人类的摇篮，但是人不会永远生活在摇篮里"。齐奥尔科夫斯基于 1935 年去世，在他去世 26 年后，苏联宇航员加加林终于第一次登上了太空，从此人类进入太空时代。

月球上以"齐奥尔科夫斯基"命名的大陨石坑
（图片来自维基百科）

CHAPTER 2

第二章

宇宙飞船与空间站

　　从加加林登上太空，已经过去了半个多世纪。美国和苏联的载人航天历史，经历了从飞船，然后到短期空间站，最后到长期空间站的过程。我国的载人航天按照三步走的方案来设计，从最初发射载人飞船，随后开始空间实验室，到 2019 年才开始正式建造空间站，也是延续了这个发展历程。

东方一号

　　第一次成功的载人航天开始于 19 世纪 60 年代初。1961 年 4 月 12 日，苏联利用"东方一号"飞船，成功地把人类的第一位宇航员加加林发射到了太空，完成了人类的首次太空之旅。"东方一号"在太空中总共只飞行了 1 小时 48 分钟，而且返回的时候，宇航员和返回舱分开返回，如果以今天的标准看，这可能都不能算是一次成功的载人太空飞行。不过在当时来说已经是一个非常了不起的成就了。作为人类的第一位太空人，加加林在首次太空飞行后七年的一次飞行事故中牺牲，为了纪念他，苏联把每年的 4 月 12 日定为"宇航节"，后来这一天也被作为国际航天日。

　　作为第一位太空人，加加林经常被作为航天时代的象征，如在电影《流浪地球》中也提到加加林时代不能把酒带上空间站。事实上，加加林乘坐的宇宙飞船和空间站的区别非常明显。宇宙飞船一般不超过三个舱室，而空间站则通常由多个舱室组成，体积要

"东方一号"飞船

苏联宇航员，人类历史上第一位太空人加加林

第一位美国宇航员阿兰·巴特利特·谢泼德

庞大得多。宇宙飞船在太空中停留的时间非常短，加加林总共的飞行时间不到两小时，而空间站可以在太空中停留数月以上，国际空间站则停留了十年以上。在空间站绕地球运行时，宇航员通常利用宇宙飞船从地面抵达空间站，完成任务后再利用飞船返回地面。另外，加加林的载人飞船的设施非常简陋，太空飞行很大程度上是一种冒险，一般来说是不会有人冒着生命危险把酒这种易燃物带上太空的。

"东方一号"的成功也标志着苏联在和美国的太空竞赛中取得了一次阶段性的胜利。两个当时世界上的超级大国相互竞争，看谁能首先取得航天技术方面的突破性进展。在载人航天这个项目上，美国当时彻底落后于苏联。

美国宇航员谢泼德在23天之后的5月5日乘坐"自由7号"飞船登上太空，完成了美国人的第一次太空飞行。这就是美国航天历史上著名的"水星计划"。和加加林环绕地球飞行不同，这次飞行的时间和距离都非常短，总共持续了15分22秒，在太空高度停留了短短的5分钟时间。"自由7号"飞船在离卡纳维拉尔角发射场400多千米的大西洋降落。

"自由 7 号"飞船

　　科学的进步，人们记住的都是第一个。加加林享誉全球，而这位美国的第一个太空人谢泼德在美国以外却鲜为人知，尽管他后来又乘坐"阿波罗 14 号"飞船登上了月球，成为第五位登上月球的宇航员。

　　但事实上，在早期的航天记录中，苏联保持着多个第一，比如第一颗人造地球卫星、第一次载人航天、第一个空间站等。在相当长的一段时间内，苏联总是保持着在航天技术方面的领先优势，直到 1969 年美国人成功地实施了载人登月。

短期空间站

从宇宙飞船开始，到可以长期停留在太空中的大型国际空间站，美国和苏联还发射了一些小型的短期空间站，这些空间站在太空停留的时间在半年到几年之间，结构相对简单，和我国发射的"天宫"实验室相当。

1971 年，苏联发射了人类历史上的第一个空间站——"礼炮一号"。它全长 15.8 米，立起来有五层楼那么高。发射时的重量接近 20 吨，相当于一辆满载的大货车的重量。空间站内适合居住的面积达到了 90 平方米，和一个大一点的两室一厅的面积差不多。

这艘飞船在太空中运行了 175 天，环绕地球接近 3 000 多圈。尽管和今天的国际空间站相比，"礼炮一号"小得多，但在当时确实是巨大的进步。"礼炮一号"发射时并没有载人。在它进入太空几天以后，苏联发射了一艘飞船试图把三名宇航员送入其中，可惜事与愿违，当他们到达时，空间站的门打不开，飞船无法与"礼炮一号"对接，宇

"礼炮一号"飞行图

航员无法进入，无奈之下只能返回地面。

过了几个星期之后，三名宇航员搭乘"联盟11号"飞船来到了空间站并且成功地进入其中。这三名宇航员在太空中停留了三个星期。相比于加加林的100多分钟、美国宇航员的5分钟，这是宇航员在太空中停留的最长时间，就技术上来说是一个了不起的进步。

成功往往是要付出代价的。三名在太空中安全度过三个星期的宇航员在返回途中不幸牺牲了。返回的飞船上的减压阀在飞船重新进入地球大气层时被提早打开了。飞船失去了密封性，舱内没有氧气，于是宇航员们都牺牲了。从那以后，宇航员在飞船上升和返回阶段都会穿上笨重的宇航服，避免类似的悲剧发生。只有在空间站里面工作和休息时才能脱下。

"礼炮一号"的运行时间不长，一共工作了175天，在完成了运行任务之后，坠落到了大洋中，避免了坠落到地面会造成的损失。后来苏联又发射了几个小型空间站。

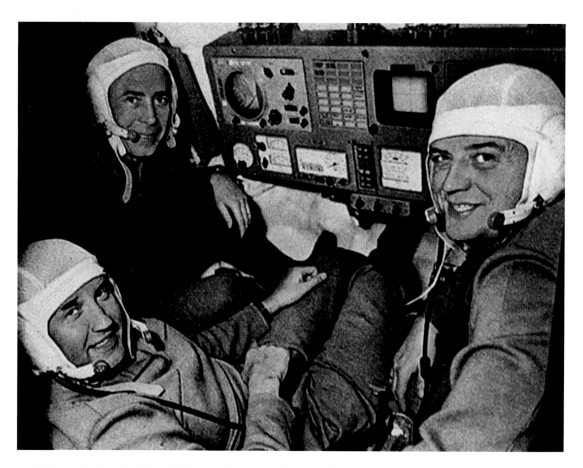

从"礼炮一号"返回地面途中牺牲的三位宇航员（帕萨耶夫、多布罗沃尔斯基和沃尔科夫）

"天空实验室"

苏联在开始开展空间站实验的时候，美国的注意力都集中在登月上。随着"礼炮一号"的成功发射和运行，美国国家航空航天局（NASA）也决定开始研发美国自己的空间站，希望在载人空间飞行项目上超越苏联。

NASA联合欧洲航天局建造了一个叫"天空实验室"的空间站。根据冯·布劳恩的设计，这艘飞船由"土星五号"火箭的一部分改造而成，全长达到了36米，是"礼炮一号"的

"天空实验室"

两倍还多。它的重量约 80 吨，是"礼炮一号"的四倍，于 1973 年发射升空。除了欧洲航天局，其他国家，比如日本、加拿大都参与了"天空实验室"的建设。这也为后来不同国家合作建设国际空间站积累了宝贵的经验。

"礼炮一号"空间站

先后有几批宇航员来到了空间实验室，在太空中开展科学实验。他们还向世界展示了太空生活是怎样的。在那以前，人类持续在太空中生活的情景只出现在科幻小说里，人类也不知道在太空中长期生活对人体会有怎样的影响。宇航员们生活在"天空实验室"的空间站里的经验，可以帮助科学家了解怎样才能让人类在太空中生活。从这个意义上来说，宇航员在太空中生活的部分也是一种科学实验。科学家除了研究宇航员在太空生活的生理变化，同时也关注宇航员在太空中的心理适应过程，从而为将来可能进行的更长期的太空旅行做准备。

"天空实验室"由几个复杂的部分组成。宇航员们生活和做实验的部分叫轨道舱，而减压舱可以让宇航员安全地到舱外。这个空间站还有个码头可以同时接驳几个飞行器进来。空间站上还有太阳望远镜，通过它们可以观测太阳并研究太阳的变化规律。从这个意义上说，这个"天空实验室"虽然规模不如后来的国际空间站，但是可以看作是国际空间站的一个雏形。国际空间站的一些元素，"天空实验室"都具备，比如空间站的接驳码头，还有空间站上进行空间观测的实验等。

"天空实验室"运行到 1979 年才被 NASA 放弃。"天空实验室"在引导下落返回地球时，在大洋上空烧毁，部分残片掉到了人烟稀少的澳大利亚西部地区。

大型空间站

　　"礼炮一号"某种意义上是一个实验空间站，寿命也相对较短。苏联在随后发射了"和平号"空间站，一个长期的空间站。"和平号"比"礼炮一号"大得多也重得多，全部组装完成的"和平号"总长 87 米，总重量达到了 123 吨。当然不能要求它永远工作下去，不过它的设计寿命比之前所有的空间站都长。

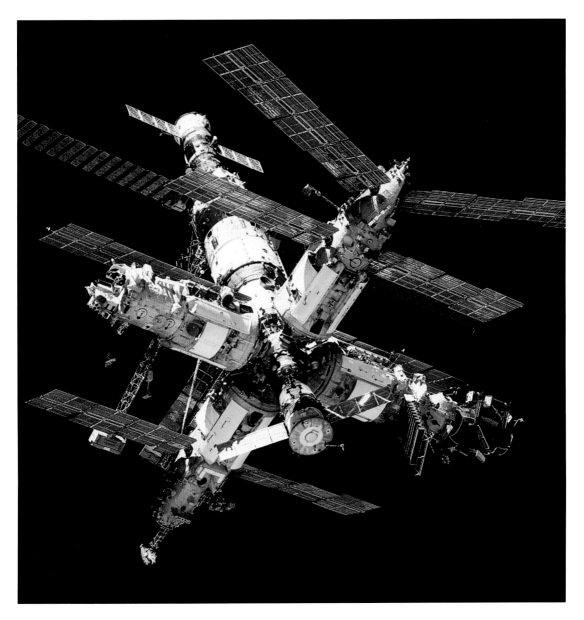

"和平号"空间站

实际上，"和平号"持续运行的时间比以往的空间站都长，在太空中工作了 15 年，总共绕地球转了 86 400 圈。差不多总有人在上面生活，其中有一名宇航员瓦勒力·波利亚科夫，在"和平号"上连续生活了超过一年的时间。

"和平号"空间站上有很多装置和组件。宇航员有很好的生活舱，在那里他们可以舒服地生活几个月。还有几个不同功能的组件，用来完成不同的科学实验，如"大气测量组件"可测量地球大气。"和平号"的甲板也可以同时停泊几艘飞船。

"和平号"一直在轨道上运行到 2001 年。宇航员在上面做过很多科学实验、生物实验、物理学实验等。他们还观测太空，进行天文学实验。空间站给了人类一个全新的实验室，那里没有大气层阻挡来自遥远星球的暗淡光芒，也没有重力影响望远镜的聚焦效果，在那里他们能更好地研究宇宙运动变化的规律；另一方面，和卫星上搭载的设备不同，宇航员可以经常去对这些观测设备进行维护。

CHAPTER 3

第三章

合作建造国际空间站

　　20 世纪末，世界上需要一个新的空间站。苏联人的"和平号"已经开始变老，维护它的费用非常高。美国当时在"太空实验室"之后就没有一个正常运行的空间站。很多国家想研发新的空间站。美国曾经计划研制的"自由号"空间站，因为耗资巨大不得不放弃。由于种种原因，人们开始对空间站失去兴趣，政府也不想花太多钱在空间探索上。

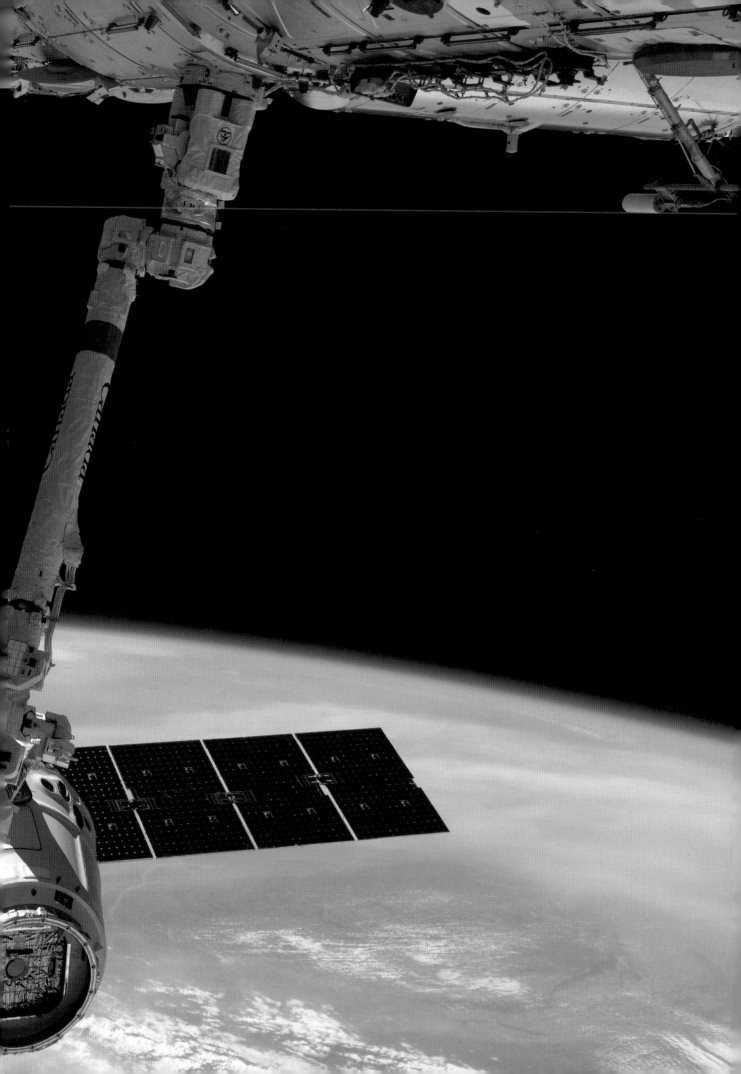

在欧洲，欧洲航天局在忙着开展"哥伦布计划"，研制空间站的一部分，以便将来把它们和"自由号"连接起来。日本也在研制一个类似的装置，也准备连接到"自由号"上。

苏联也在准备研制一个叫"和平二号"的空间站，后因为经费等原因没有完成，一些原计划用于"和平二号"的组件被用到了国际空间站上。

直到1993年美国和俄罗斯的科学家会面，才开始考虑把他们的项目合并。他们形成了一个新的计划：几个国家一起来研制国际空间站，美国和俄罗斯将会研制其中的一大部分，日本和欧洲也会贡献一些组件和装置。这样每个国家只需要出一部分经费，大家都乐意。真是"山重水复疑无路，柳暗花明又一村"。

国际空间站设计得更像一座太空城，其主要目的是实验人类在太空中的生活状况，或者说国际空间站的主要功能是一个太空生物实验场所，不过实验的对象是人类。差不多只要空间站在轨道上运行，就有人生活在国际空间站上，有个别宇航员在那里生活超过了一年。

实验结果证明，国际空间站能使人类在太空中生活相当长的时间。通过实验，科学家了解了在太空中生活的规律，将来他们将想办法把宇航员送上火星，或者更加遥远的宇宙空间。当然这个实验也让科学家了解了宇航员们在太空中生活面临的各种问题，最新报道显示，部分长期生活在太空中的宇航员，因为肌肉长期处于失重状态，在放回地球后几个月内容易发生背疼的情况。科学家们也都在积极想办法解决这些问题。还有比如在太空中生活时间过长，宇航员会容易失去味觉的问题。随着时间的进展，更多的问题都可能会显现出来，当然科学家们也在尽可能地找相应的办法来解决。从这个意义上说，所有的宇航员们都是实验品，不过他们参与的是人类为了开发太空而进行的伟大实验。

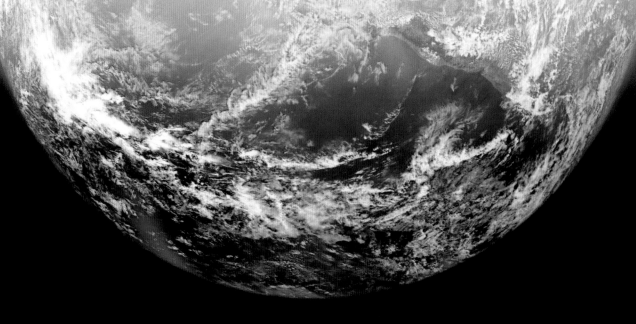

俄罗斯、美国和日本的宇航员在国际空间站上

　　空间站的建设是由好几个国家的空间部门在一起合作完成的：美国的国家航空航天局（也叫美国宇航局），俄罗斯的联邦航空署（也叫俄空局），还有欧洲航天局（也叫欧空局）、加拿大国家航天局、日本空间探索局（也叫日本空间局）协同工作。每个管理部门都有自己的做事方式，但是他们必须通力合作才能完成国际空间站建设。

　　协作的另外一个困难来自交流，不同国家的科学家，文化背景不同，甚至有时候语言都不通。不是所有的科学家都能讲标准而地道的英语。曾经在欧空局工作多年的前欧空局主席罗杰·伯奈特（Roger Bonnet）就自嘲说"欧空局的合作伙伴讲的都是同一种语言，破破乱乱的英语（原文为 B English，即 Broken English）"。当时美国和俄罗斯还存在着非常大的矛盾，不过探索太空是人类共同的事业。

　　在太空领域开展合作也增进了不同国家之间的了解，可以在一定程度上缓解矛盾，促进世界和平。来自不同国家的宇航员一起生活在国际空间站上，一起翱翔太空，这个空间站叫国际空间站也名副其实。

国际空间站

CHAPTER 4

第四章

组成和功能

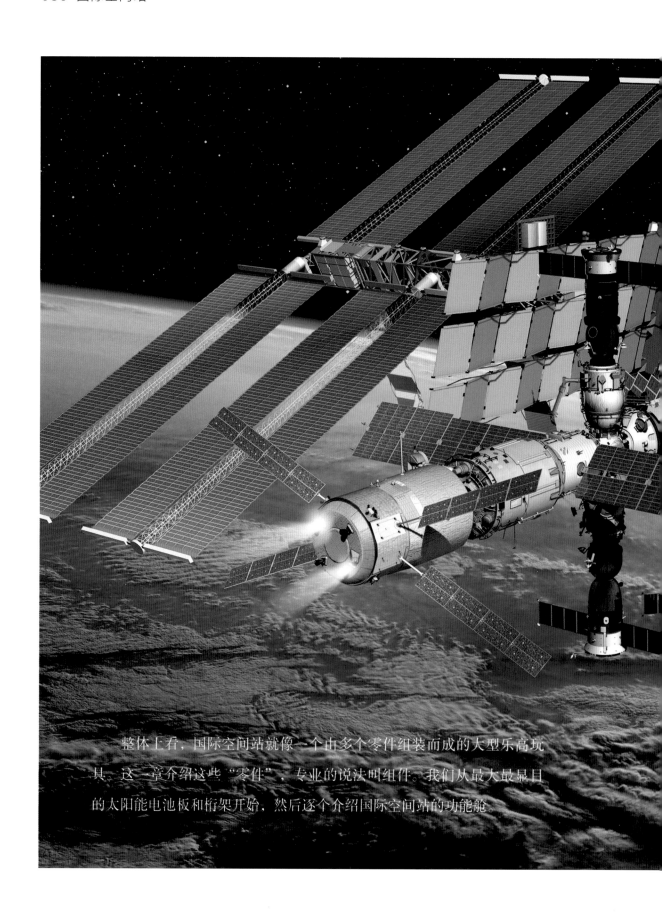

　　整体上看，国际空间站就像一个由多个零件组装而成的大型乐高玩具。这一章介绍这些"零件"，专业的说法叫组件。我们从最大最显目的太阳能电池板和桁架开始，然后逐个介绍国际空间站的功能舱。

太阳能电池板

在空间站所有的组件中，太阳能电池板最显眼，面积最大。通常来说国际空间站和一个足球场一样大。如果去掉太阳能电池板的话，空间站可能就比足球场周边的跑道大不了多少了。空间站一共有 8 组太阳能电池翼（每个电池翼包含两片太阳能电池板）。每个电池翼长约 34 米，宽约 12 米，而一个羽毛球场的长度是 13.40 米，双打场地宽 6.10 米。如果将这个电池翼放在 4 个羽毛球场上，宽度会略微超出一点，而长度方面却还有 7 米多的余量。

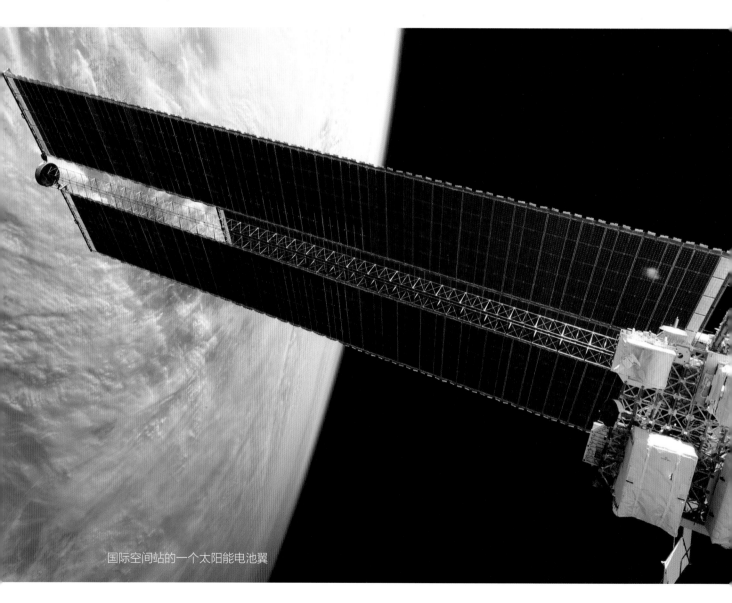

国际空间站的一个太阳能电池翼

从远处看空间站，空间站就像一只飞翔在太空中的大鸟，巨大的太阳能电池板就像大鸟的翅膀。每组太阳能电池翼通过一个可以转动的机关连接到空间站上，可以根据需

空间站上的蓄电池组

要调节方向。空间站绕着地球转圈，当它转到向阳面时，转动机关可以使太阳能电池板正对太阳光照的方向，获得最大的发电效率，为空间站提供电能。当空间站转到背阳面时，调节太阳翼的方向可以减少空间站飞行的阻力，想象一下滑翔中的小鸟收起了翅膀。空间站工作在约400千米的高空，空气非常稀薄（空气密度约为地面空气密度的千亿分之一），所以空气阻力非常小。但是如果长期积累，也会使空间站的速度和高度下降。早期空间站在运行的过程中，每间隔一段时间需要启动火箭发送机进行加速，避免空间站高度下降过快而坠毁。现在，保持速度通常是利用连接在空间站尾部的飞船加速来实现的（在后面的章节中会介绍）。

8组电池板同时工作，最大的时候能提供84～120千瓦的功率，这个电力相当于40个普通家庭1小时的用电量。一般情况下，太阳能电池板产生的电力是用不完的，剩余的部分储存在空间站上的蓄电池中。当空间站转到地球的夜晚一侧时，太阳能电池不发电，空间站上需要的能量就来源于这部分储存的电能。空间站的蓄电池组由24块蓄电池组成，每块电池包含76个镍氢电池单元。镍氢电池具有寿命长（大于5年）、稳定性好、能多次反复充电等特点，特别适合空间站这样的飞行器，在20世纪70年代到21世纪初被广泛使用，比如哈勃望远镜和行星探测器。这种电池最大的缺点就是在不工作时自己容易放电，在实际使用的过程中需要经常充电，因此现在逐渐被锂电池所取代。

桁架

除了太阳能电池板，空间站中最大也最显目的就是中间的一条横梁一样的桁架了。如果把空间站想象成一个人或者动物，这条由不锈钢和铝制成的桁架就像脊椎一样支撑着这个庞大的结构。如果把空间站比喻成一个建筑，这个桁架就是一道大梁。这条大梁将太阳能电池板和空间站的舱室连接在一起，保证了整个空间站结构的完整与牢固。

这个桁架全长 108 米，又称为集成桁架，由 14 个小块组成，中间的那一块叫 S0，左边的那些块叫 S1～S6，右边那些块叫 P1～P6。还有一块单独连接"团结号"的小块 Z0（"团结号"模块我们在后面的叙述中会重点介绍）。这些小块是根据它们的安装位置来命名的。比如 Z1 中的字母"Z"取自英文单词 Zenith，是天顶的意思。P 表示左舷（Port），而 S 表示右舷（Starboard）。只有 S0 在中间，既不是左舷，也不是右舷，有点名不副实。

除了具备支撑作用之外，这个支架上还铺设有电线，将太阳能电池板产生的电力输送到各个需要的舱室中。另外桁架上还安装了一些保持空间站正常运行的设备，比如右舷的第一块桁架上就安装有通信设备和电接触器。电接触器是用来中和空间站表面的静

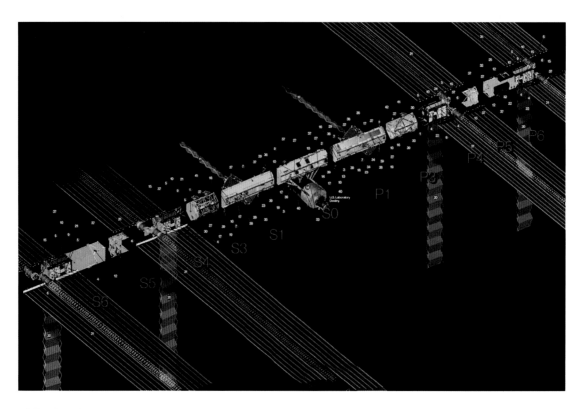

集成桁架构成图

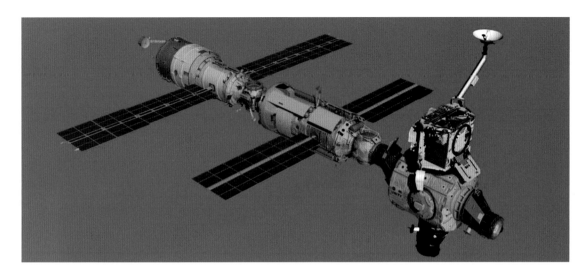

连接在"团结号"上的小块 Z0

电荷的。空间站在太空中，常常累积静电荷，和北京冬天干燥空气中的人体一样。如果电荷累积过多会导致放电，影响空间站上设备的正常运行，严重时甚至导致设备损坏。利用这个电接触器则可以中和静电荷，保护空间站设施的安全。

　　桁架和电池板组成了整个国际空间站的主体部分。如果把整个空间站比作一架大型轰炸机，桁架和电池板就像机翼和机身，而其他的舱室就像挂在飞机腹部的导弹，虽然体积不大，却是完成任务的关键部分。

挂在飞机机腹上的导弹

活动服务系统
（Mobile Servicing System）

空间站的桁架上还有一个巨大的机械手和一个小机械手，大机械手是一条长 17 米的加拿大臂（Canada arm2），小机械手也被称为加拿大手（Dextre 或者 Canada hand），这样桁架看起来更像一个有着两个胳膊的机器人。这些机械臂和机械手再加上控制它们的系统就构成了所谓的活动服务系统。

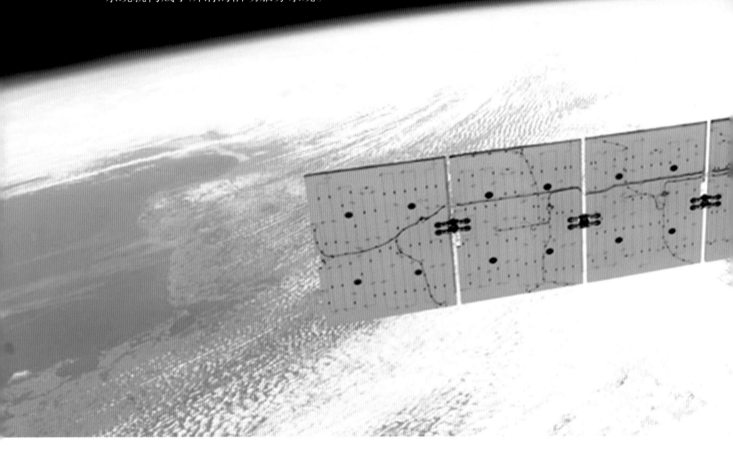

加拿大臂抓住飞船

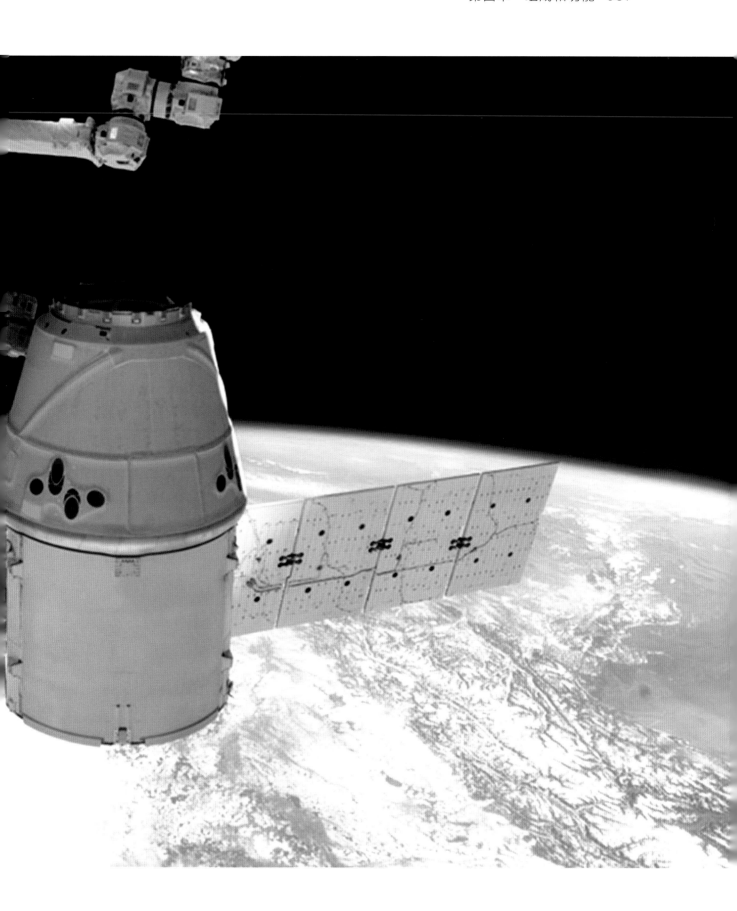

　　加拿大臂重量超过 1.5 吨，上面有 7 个可以运动的关节，在末端还有一个标准接口。这个标准接口可以和飞船上或者是其他组件上的接口进行连接，还可以连接在宇航员的宇航服上。这个大臂能移动到空间站上指定的位置作业。安装在大臂顶端的机械接口能方便地抓起宇航员，还能抓住飞船。在空间站建设的过程中，很多后来的组件都是通过这个大臂来进行安装的。这个机械臂最开始是由宇航员操纵的，现在地面的工作人员也可以通过计算机直接操纵它。加拿大手可以和大臂连接，从而进行一些比较细小的动作。这个大臂和大手在空间站的建造和维护过程中立下了很多功劳。

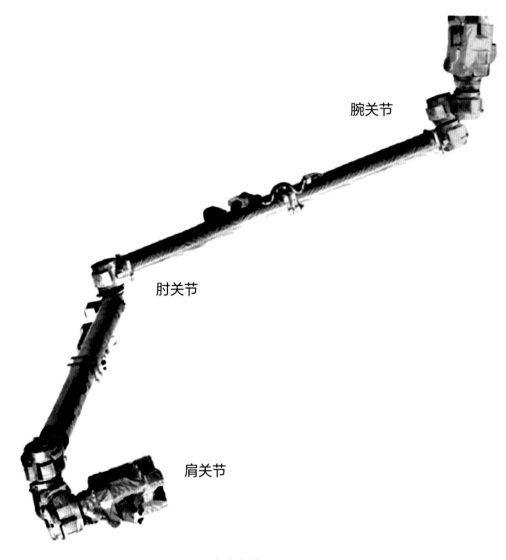

腕关节

肘关节

肩关节

加拿大臂

加拿大手

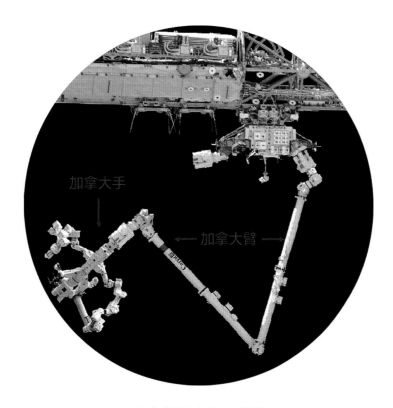

加拿大臂和加拿大手连接

空间站的主干

如果去掉空间站的太阳能电池板和桁架，剩下的就是空间站的舱室组件了。这些舱室就像一棵树的树干，其中主干是由 5 个舱室构成的空间站的主轴，从后往前依次是"星辰号""曙光号""团结号""命运号"和"和谐号"。下面我们将用这样的顺序逐一介绍这几个舱室。选择这样的顺序和空间站的建造顺序相关，但也不绝对，比如"星辰号"其实是第三个被安装的。但是从结构上说，"星辰号"和"曙光号"相对比较简单，没有旁支，类似于树干靠近地面的部分；而顶部的几个舱室则连接了很多其他的舱室，仿佛树冠上有很多树枝一样。采用这个顺序利于读者理解空间站的结果。

从后往前，"星辰号""曙光号""团结号""命运号"和"和谐号"一起构成了空间站的主轴。

"星辰号"

"星辰号"（Zvezda）组件处于空间站的最后方，是一个比较大的生活舱，长 13.1 米，直径 4.35 米。功能相当于宇航员们的卧室加上起居室，舱内有完整的生命支撑系统，最多能搭乘 6 名宇航员，上面还有两间供两名宇航员休息的"休息室"。说是休息室，其实只是一个很小的隔间，和大一点的柜子没有区别，也没有床，只有睡袋。值得一提的是"星辰号"有 14 个窗户能看向空间站外面。

这个组件原计划也是为"和平二号"建造的，"和平二号"取消后，这个组件就被用在国际空间站上，安装在国际空间站的尾部。在它的后方还安装有一个可以对接太空飞船的装置，方便飞船对接，并为国际空间站提供动力。前文中提到过空间站会受大气阻力影响，因此需要时常进行轨道维持。另外，"星辰号"还有可供宇航员进行出舱活动的气闸舱，不过在这个气闸舱内只能使用由俄罗斯制造的宇航服。

尾部黑色的部分是一个飞船，中间的白色舱室是"星辰号"，再往上是"曙光号"

建造中的"星辰号"

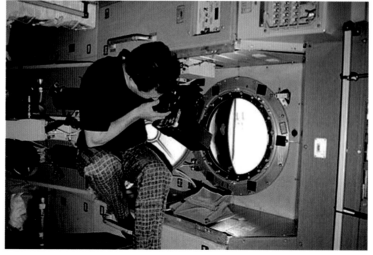

宇航员通过窗口观察

从这个角度看，"星辰号"的内部还是非常宽阔的

功能货舱"曙光号"

功能货舱"曙光号"（Zarya）的总重量为 19.3 吨，和"礼炮一号"的重量差不多。它的长度为 12.56 米，直径为 4.11 米，大小和"星辰号"差不多，比"星辰号"略短小一点。功能货舱"曙光号"是国际空间站开始建造时的基础，具有提供能源、推进导航等多种功能。其上面有三个接口，可以和飞船或者其他空间站的组件对接。

如果把整个国际空间站比作一台汽车，功能货舱就相当于发动机和转向盘，提供动

功能货舱"曙光号"

力和控制系统。从功能上说它是国际空间站的核心部分，在没有其他组件的情况下，能独立地在太空中运行，也因此被第一个发射上天。它上面搭载的太阳能电池板能提供3千瓦的能量，而一般的台式机算机的功率大概是200瓦。这些能量可以使近十台计算机正常运转。和功能货舱所携带的燃料相比，这个功率并不引人注意。功能货舱"曙光号"带有16个外挂油箱，能装5.4吨燃料。除了燃料，"曙光号"有非常多的火箭发动机，除了两台主发动机，还有24台大发动机和12台小发动机。这些发动机提供动力，随时调整国际空间站的轨道，可防止空间站轨道下降过快坠入大气层，同时保证国际空间站在适当的时候避开一些危险的区域。考虑到这么多发动机的消耗，这么大的燃料储量也就不足为奇了。这些发动机和燃料箱在空间站的建设初期应该都起到过很大作用，在"星辰号"安装完成后就很少用到了。

通常，我们的汽车发动机提供动力，同时也给车内的设施比如收音机、空调等供电。在功能货舱"曙光号"上，提供动力和供电是分开的。为什么会这样？读者可以自己思考，找出答案。

功能货舱"曙光号"没有独立的生命系统，但是它也有一个可以加压的内部。当它和其他的组件连接在一起时，宇航员也可以在里面生活而不需要穿宇航服。现在这个功能货舱的主要功能是储藏。

　　非常有趣的是，这个组件由俄罗斯制造，出钱的却是美国。当时俄罗斯财政紧张，政府很难再提供这笔经费。为了国际空间站的建造，美国政府慷慨解囊，也为航天领域的国际合作树立了典范。"曙光号"在俄语中的意思是"黎明或者曙光"，这个名字也意味着国际空间站为空间领域的合作开辟了新的篇章，从相互竞赛到开展合作。

"曙光号"和一号节点舱连接在一起。白色而且长的部分是"曙光号"，黑色表面带有斑点的是一号节点舱

"曙光号"的内部，它的内部比较狭长，更像是一个通道

"团结号"

"团结号"（Unity）也被称为一号节点。它有两个非常明显的特征，一方面它是一个生活舱，不过比较短，长度只有5.47米，不到"曙光号"的一半；而它的直径为4.57米，和"曙光号"差不多。因此从整体上看起来，"曙光号"身材修长，而"团结号"则像一个矮胖子。

另一方面，它是一个节点组件。通过它可以连接其他的舱室。"团结号"一共有六个接头，其中两个在轴向，或者说一头一尾，另外四个在腰带上。两个轴向的接头，一个连着俄罗斯的"曙光号"，另一个连着"命运号"（Destiny）。另外三个腰上的接头分别接在

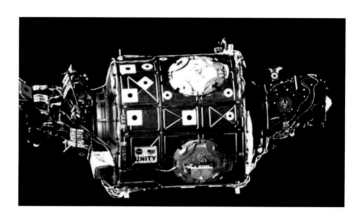

"团结号"节点舱

"使命号"（Quest）"宁静号"（Tranquility）和桁架上。还有一个空出来的接头是用来接驳宇宙飞船的。

习惯上宇航员把"星辰号"和"曙光号"称为俄罗斯部分，其他的则被称为美国和欧洲部分。"团结号"和"曙光号"连接在一起，也象征着美国和俄罗斯这两个航天方面一直竞争的老对手，最终团结起来，一起携手开发太空。

从"团结号"开始，空间站的舱与舱的连接开始变得复杂，为了清楚地描述空间站的结构，我们继续沿着主轴的方向逐个介绍这些舱室，然后再介绍其他的分支。

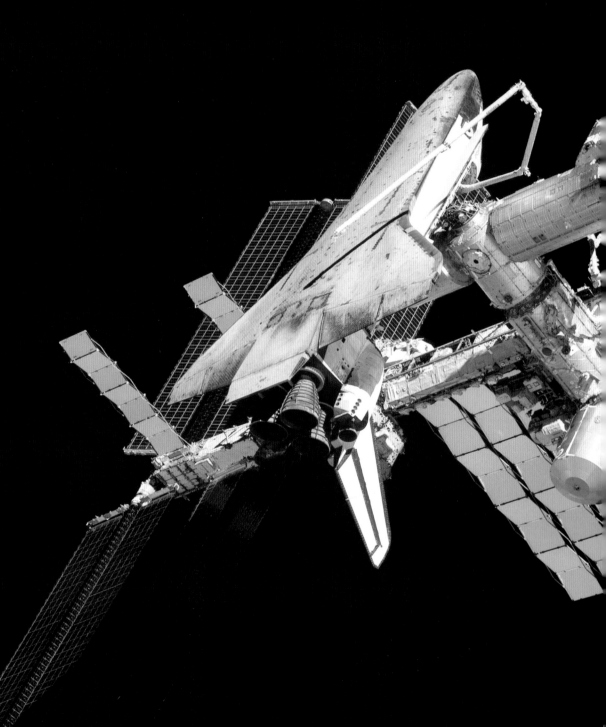

"团结号"在空间站上的位置

"团结号"模块

"命运号"

　　"命运号"又被称为美国实验室（US Lab），是一个比较大的实验舱。它长 8.4 米，直径 4.2 米，比前面说的矮胖子"团结号"要长接近 50%。它的主要功能是进行各种实验，包括生命科学实验、材料实验、地球观测实验和一些商业应用。其中的一些科学仪器包括一台"零下 80 度的冰箱"。这台冰箱可以让生物或者其他的实验样本保持在低温状态下。另外巴西空间局还专门研制了一台"窗口观察设备"，通过"命运号"实验舱的窗户观察地球和宇宙，用相机来进行拍照，并且把采集的照片和数据通过光纤在空间站内进行传递。这台设备可以进行地质、农业、环境和海岸线方面的研究工作。

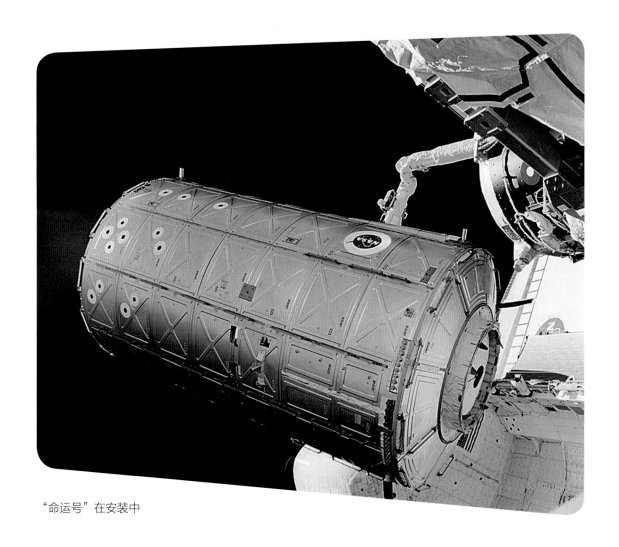

"命运号"在安装中

"命运号"的内部照片（图片来源：NASA）

"零下 80 度的冰箱"

荷兰宇航员通过"命运号"的窗户看向地球

"和谐号"

"和谐号"处于空间站的正面中间，长 7.2 米，直径为 4.4 米。其比"命运号"略短一点，也略粗一点，不过内部非常宽广。"和谐号"也被称为二号节点舱，可提供多个接口和停泊码头。通过节点连接欧洲"哥伦布号"实验舱和日本"希望号"实验舱，而停泊码头可以接驳载人飞船和货运飞船等。

"和谐号"的外观

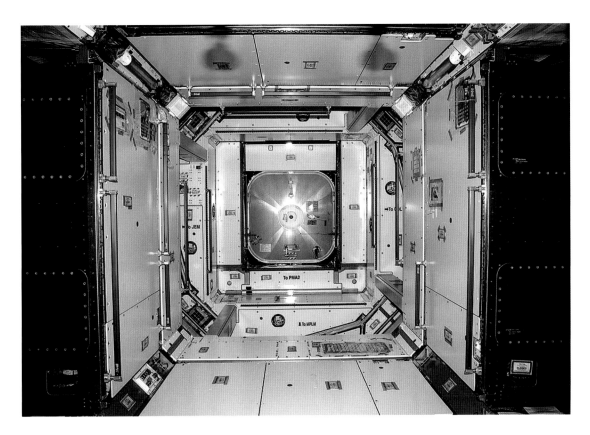

"和谐号"的内部

"团结号"分支

　　除了"曙光号"，和"团结号"相连接的还有气闸舱"使命号"、三号节点"宁静号"（Tranquility）。

"使命号"

　　"使命号"是一个气闸舱。气闸舱是一个供宇航员进行舱外活动的装置，在很多电影和电视中都出现过。如果直接打开舱门，空间站中的大部分空气都会跑到舱外。为了减少宇航员在出舱过程中空气的损失，气闸舱在宇航员进入以后，锁闭舱门，将其中的大部分空气抽回空间站内部；然后再打开通向舱外的门，

"使命号"气闸舱

宇航员就可以出舱活动了。在"使命号"上天之前,太空行走只能通过"星辰号"的气闸舱,而且必须使用俄罗斯制造的宇航服。"使命号"完成安装之后,可以兼容俄制和美制的宇航服,宇航员的舱外活动也有了新的出口。"使命号"长 5.5 米,直径为 4 米,和"团结号"差不多,也是个矮胖子。

"使命号"的外观

节点舱"宁静号"

三号节点舱"宁静号"长 6.7 米,直径为 4.48 米,比"团结号"稍微长一点。"宁静号"的名字取自月球上的地名静海(Sea of Tranquility),正是"阿波罗 11 号"在月球上降落的地方。

"宁静号"的主要功能是给宇航员提供锻炼的场所,还有存储空间。另外它还连接着一个很有趣的组件——"圆屋顶"(Cupola)。圆屋顶很小,只有 1.5 米高,直径为 2.95

"圆屋顶"

米，整体看起来更像是一个坦克的炮塔。这个由欧空局出资建造的小屋顶有 7 扇窗户。头顶一扇，周围 6 扇。通过这些窗户，宇航员可以更大视角地观察空间站，方便操纵空间站的加拿大臂等装置，也可以更好地观察地球、宇宙星体和来访的宇宙飞船。

　　这个"圆屋顶"的形状和星球大战中的"千年隼"战舰的驾驶舱非常像，也常常引人遐想，是不是设计者从科幻电影中得到了启发才设计了这么一个形状啊。

星球大战中的"千年隼"太空战舰，下方的驾驶舱和"圆屋顶"非常相似

"宁静号"分支

除了这个像炮塔一样的"圆屋顶","宁静号"还接着一个叫"莱昂纳多号"的欧洲多功能舱和一个叫"比奇洛"的可展开活动模块（以下简称"比奇洛"模块）。

"莱昂纳多号"取自意大利著名画家"达·芬奇"的名（也就是外国人常说的First Name，而达·芬奇是他的姓 Last name），而不是那些著名的演员或者足球运动员。这个多功能舱最后实际上变成了一个空间站的储藏室，用来储藏一些暂时不需要的物资。

"莱昂纳多号"的内景，看起来就像个储藏室

"比奇洛"模块的地面模型

　　"比奇洛"模块从形状上来看就像一个吹大的气球，或者说像一个帐篷。和其他舱的金属外壳不同，这个舱就是由金属支架和多层柔软织物组成的，从结构上来看和帐篷也非常相似。另外这些柔软织物还需要具有防辐射的功能。事实上美国NASA在20世纪60年代就在考虑这种软的可展开的太空舱，并交给比奇洛公司进行实验。然而这个模块直到2016年才被安装到太空舱上，展开使用的过程也是经过了一些波折。不过，在太空中停留一年之后，"比奇洛"模块的仪器记录了一些疑似流星体碎片的撞击事件，模块的保护层成功地抵御了这些不速之客。另外，舱内的辐射水平与空间站其他舱的辐射水平相当，而进一步测试将试图表征可充气结构是否比传统金属模块更具弹性。

"和谐号"分支

　　"和谐号"节点舱连接着两个非常重要的组件，即欧空局的"哥伦布号"和日本的"希望号"。"哥伦布号"实验室长6.8米，直径约为4.5米，比"团结号"大，比"和谐号"

连接在空间站上的"哥伦布号"（图片来源：NASA）

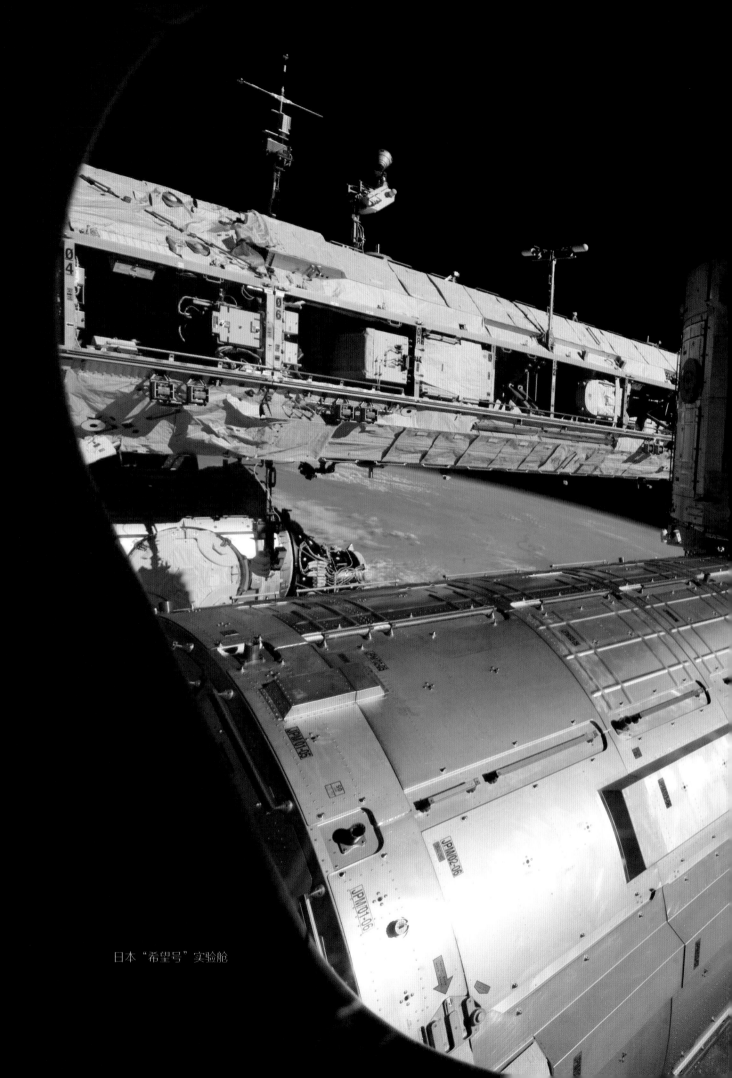

日本"希望号"实验舱

"哥伦布号"的透视图

略小，是主要提供物理和生物实验的场所。除了前面提到的微重力实验和生命科学实验以外，"哥伦布号"还安装了一个太阳观测台。太阳观测台上的科学仪器可以通过比利时空间学院的端口直接进行控制，这些仪器主要用来研究太阳的辐射和不同波段的光谱。

"希望号"是日本空间局研制的一个组件，也是所有组件中最大的一个。它的加压舱部分的长度达到了 11 米多，直径为 4.39 米。舱外实验平台有 4.21 米长，加起来的总长度超过了 15 米，比总长 13 米多的"星辰号"也要长不少。

舱外实验平台方便宇航员做舱外实验。如果把空间站比喻成一个房子，这个实验平台就相当于这个房子的阳台。当然这个阳台不是用来喝咖啡的，而是用来安装一些适合在舱外工作的观测设备，进行科学研究的。舱外平台安装了一个电视摄像头，还有一些用于连接仪器装置的接头。

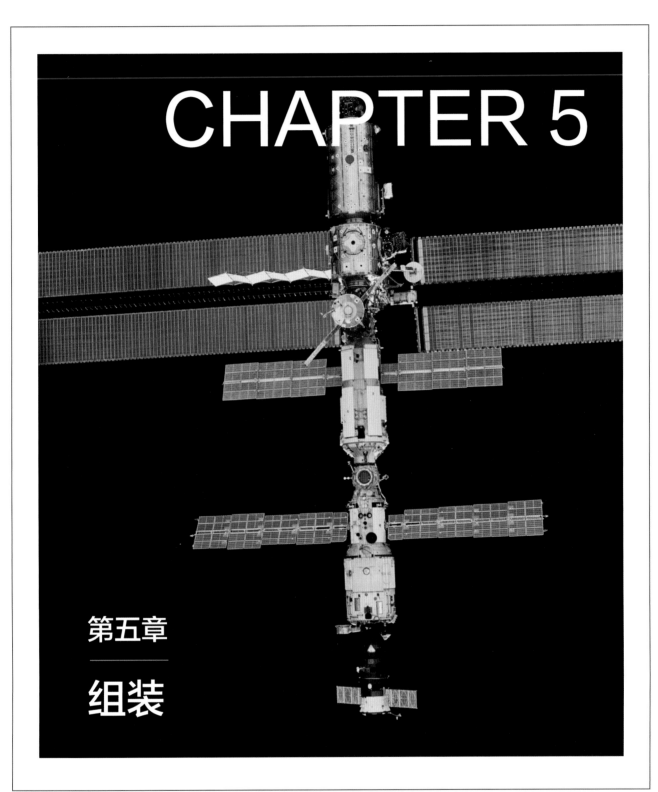

CHAPTER 5

第五章

———

组装

国际空间站太大了，最后组装成功的国际空间站的面积相当于一个足球场那么大。它不可能在地面上安装好后一起发射上天，不用说当时没有，就是现在也没有那么强运载能力的火箭。它的模块被分别发射上天，然后组装起来。现在的电脑制造也采用了这种模块化的设计，不知道是不是也受了组装国际空间站的启发。

　　1998 年 11 月 20 日，俄罗斯用"质子–K"火箭成功发射了"曙光号"，从而拉开了国际空间站建设的大幕。之前介绍过，"曙光号"是一个功能货舱，没有生命支持系统。一个月以后，"曙光号"迎来了它的第一个伙伴。美国发射了"团结号"组件并且和"曙光号"成功对接。随后俄罗斯又成功地安装了"星辰号"。

　　随着国际空间站的逐渐建设，也初步具备了保证宇航员生活所需的条件，不过这个时期宇航员还没有开始国际空间站上的生活，部分原因是"和平一号"空间站还处在运行中。

　　直到两年后的 2000 年，"命运号"实验室和"星辰号"完成安装，空间站才开始投入使用，宇航员也开始在上面生活。最初两个俄罗斯宇航员在上面连续生活了五个月。从那时起，国际空间站上就一直有宇航员在上面工作生活。

　　2000 年的国际空间站，桁架没有完全安装，太阳翼只有两组，而且安装在主轴舱的

2000 年的国际空间站

顶上。这个时期的空间站看起来更像一只张开翅膀的蜻蜓，宽大的太阳翼就像蜻蜓的翅膀，而下面的几个舱室就像蜻蜓的身子。

不过这个时期可以让我们更清楚地看清主轴上的几个舱室。从最后面黑色部分的飞船，前面依次是白色的"星辰号"和"曙光号"，还有最前面的"团结号"。

"命运号"到2001年才完成发射，随后"使命号"气闸舱还有加拿大臂相继发射上天，并且完成组装。

2002年的国际空间站，和2000年的时候相比，最大的变化就是多了这个加拿大臂。

不过这段时期空间站的整体机构并没有大的变化，从图上看最大的变化就是加拿大臂。事实上，加拿大臂的安装应该是国际空间站建设中的一个里程碑，因为安装好加拿大臂之后，整个国际空间站的安装操作能力将大大加强。

2003年由于"哥伦比亚号"航天飞机的事故，所有的航天飞机停飞，国际空间站的

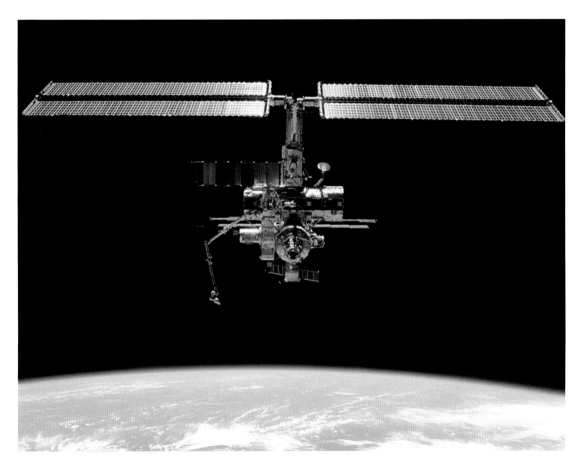

2002年的国际空间站

建设一下子停了下来，到 2006 年才得以继续。随后，第三组太阳能电池翼安装成功，"和谐号""哥伦布号"相继完成，还有"希望号"日本舱的一部分也完成了安装。到 2007 年，因为桁架已经大致成型，空间站完成了变身。头顶的太阳能电池翼被拆下来，重新安装到桁架上。这段时间"和谐号"已经安装完成，不过跟"和谐号"相连接的如"哥伦布号"和"希望号"都还没有完成安装。

不过看起来最前面的几个加压舱还没有完成安装。

2009 年的国际空间站，除了"比奇洛"模块，其他部分都完成了。

国际空间站的建设一共经历了 50 多次发射，2008 年才完成了大部分的安装工作，前面提到的"比奇洛"模块是 2015 年才发射上天的，前后经历了 10 多年的时间。国际空间站的规模相当惊人，总重量接近 500 吨，100 多米长。到目前为止，国际空间站能让人在太空安全地，有时甚至是舒适地生活相当长的时间。通过大量的实验，人们掌握了很多关于在太空中生活的知识，同时也开展了大量的空间实验，发展了微重力下的生物学和材料学，对地和空间观测实验也取得了丰富的成果。

2007年的国际空间站

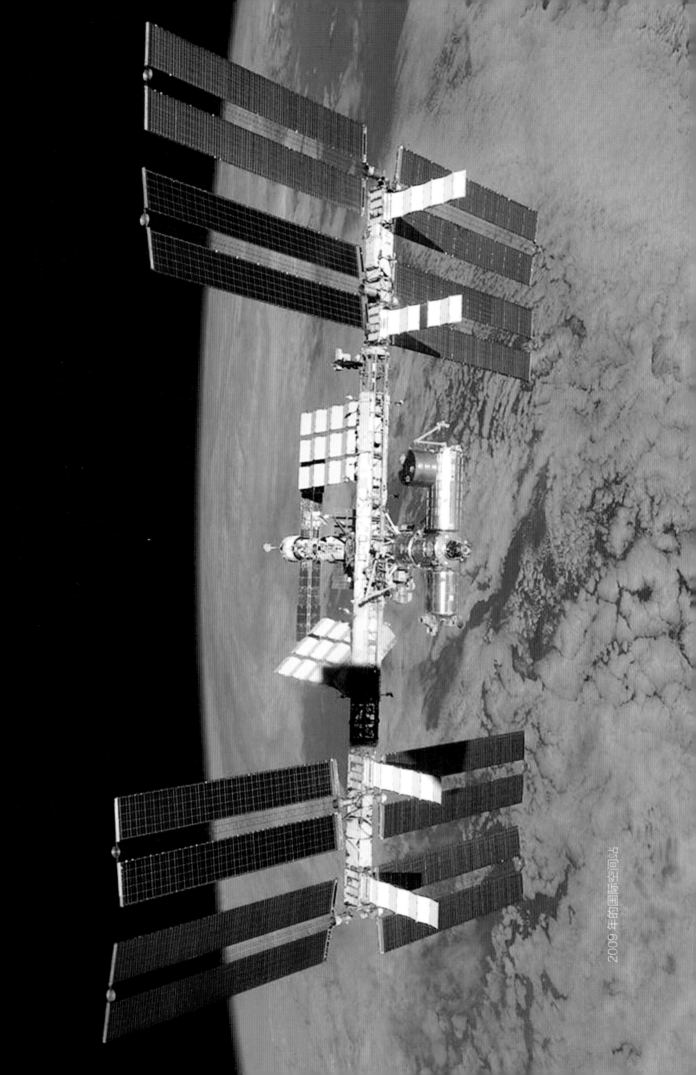

2009 年的国际空间站

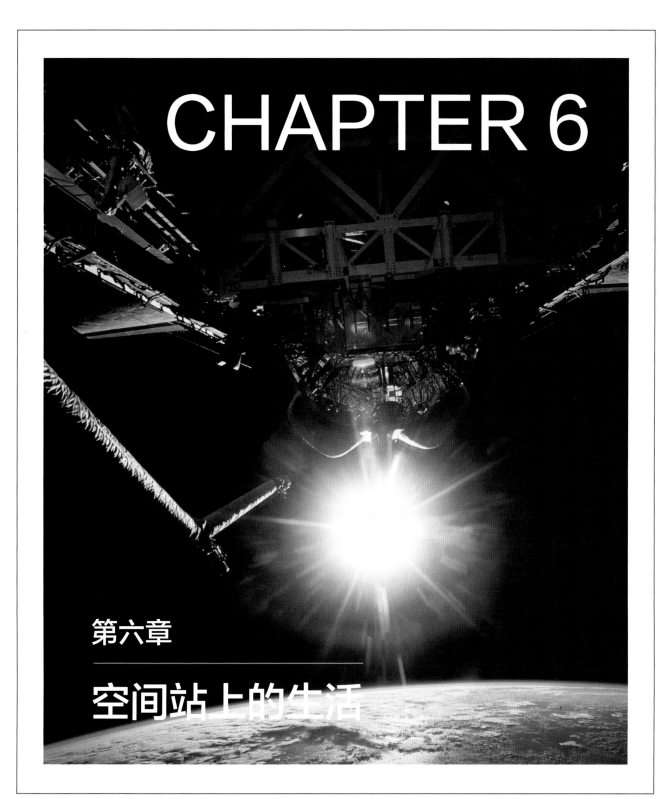

CHAPTER 6

第六章

空间站上的生活

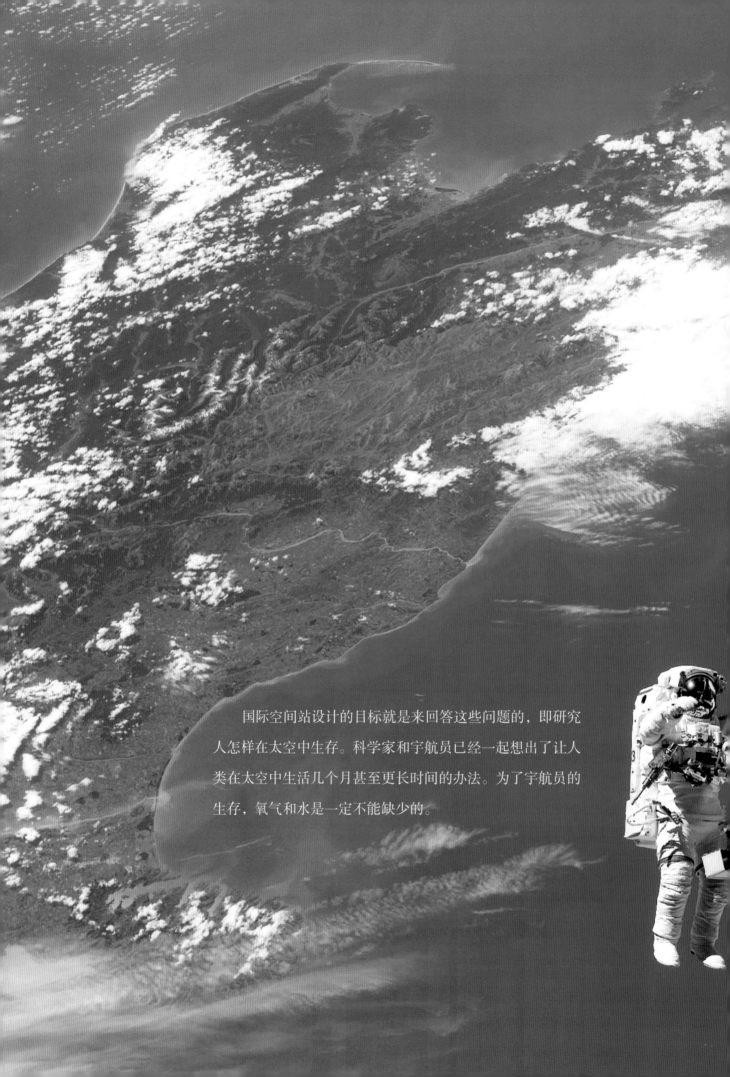

　　国际空间站设计的目标就是来回答这些问题的，即研究
人怎样在太空中生存。科学家和宇航员已经一起想出了让人
类在太空中生活几个月甚至更长时间的办法。为了宇航员的
生存，氧气和水是一定不能缺少的。

　　生活舱中的氧气来源有多种。货运飞船可以直接从地面把氧气运送到空间站；或者电解废水产生氢气和氧气，氢气被释放到空间站以外，氧气则提供给生活舱。除了提供氧气，生活舱中多余的二氧化碳对人体有害，也需要及时去除。利用吸附剂和一些化学反应就可以将生活舱中的二氧化碳减少到人体能承受的水平。除了二氧化碳，宇航员呼出的水气也被收集起来，并液化成水，给宇航员继续使用。水对于宇航员的生活是必不可少的，而且需要量很大，所以宇航员使用的基本上都是循环水。空间站中的电子设备产生的热量，足够维持空间站的温度。事实上，空间站需要通过各种手段来调节温度，以防止温度过高。空间站的外面会装上一些散热片来帮助散热。当然生活舱中的垃圾也需要及时清理。另外也要随时注意防止火灾的发生。

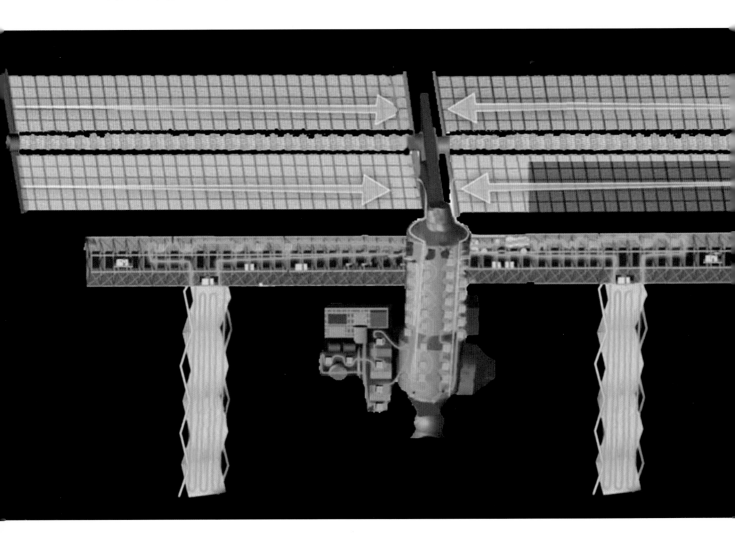

空间站上的散热系统

登上空间站

宇航员必须登上空间站才能开始站上的生活。过去，很多宇航员搭乘美国的航天飞机登临空间站。美国 NASA 一共建造了五艘航天飞机："挑战者号""哥伦比亚号""奋进号""发现号"和"亚特兰蒂斯号"。这些航天飞机送宇航员上空间站，也接他们回地球。

2003 年，"哥伦比亚号"航天飞机在返回地球大气层的过程中失事解体。飞机上的七名宇航员全部遇难。从那时起，航天飞机停飞了一段时间。经过一段时间的调查，美国政府和 NASA 决定终止航天飞机项目。在执行完最后的运送任务之后，他们会退役全部剩下的三艘航天飞机。

现在，美国 NASA 要想其他方法把宇航员送入国际空间站。最后，他们决定让美国的宇航员搭乘俄罗斯"联盟号"宇宙飞船前往空间站。他们要做的就是给宇航员买票。

今天，这样的情况仍然在继续，美国宇航员搭乘俄罗斯的飞船登上国际空间站。通常来说，从地球出发抵达国际空间站大约需要两天时间。随着技术的提高，这个时间被大大缩短了。2013 年，"联盟号"飞船成功地将抵达空间站的时间缩短到六个小时，最新消息显示，北京时间 2019 年 4 月 4 日，俄罗斯的"进步号"货运飞船发射升空，飞船经过三个多小时的飞行，在绕行地球两圈后，成功抵达国际空间站。

虽然"进步号"这次最短的飞行没有载人，不过相信很快将实现载人飞行从地面抵达空间站的时间缩短到六小时以下，甚至接近三小时，跟从北京到海南岛的飞行时间差不多。

"哥伦比亚号"航天飞机

接驳在空间站上的俄"联盟号"宇宙飞船

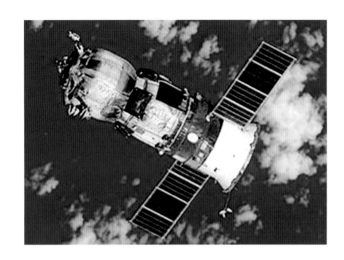

"进步号"飞船，外观和"联盟号"差别不大

飞船抵达国际空间站后，宇航员们进入空间站的舱室，开始他们长达几个月的太空生活。有很多东西需要他们适应。

吃

你吃过太空冰淇淋吗？基本上就是脱水后的冰淇淋。

太空冰淇淋是一个很好的例子，太空食物和地面食物的差别非常大。在太空中，宇航员们不能像在地面吃西餐一样将粉末状的盐撒在食物上。那些细小的颗粒会飘浮在空

宇航员喝咖啡

中，还有可能会钻到设备里头。所以，宇航员们只能用液体的盐。曾经有一位宇航员躲过了所有的检查环节，私自携带了一个普通的三明治到空间站上，这种类似于"走私"的行为引起了美国 NASA 的强烈不满，原因就是担心三明治的碎屑可能会跑到空间站仪器的缝隙里，从而引起故障。

宇航员们和在地球上一样，每天吃三顿。当人类刚开始航天的时候，宇航员们只能吃脱水的食物，比如脱水冰淇淋。今天，科学家已经开发出了相对可

鸡尾虾被认为是太空中最好的食品

口的太空食品，比如中国的宇航员们吃的各种口味的炒饭，可惜国际空间站的团队中没有中国厨师，他们能提供的最好的食品就是鸡尾虾，就是一种煮熟后剥好壳的冷冻虾。有的宇航员吃腻了其他难吃的太空食品，恨不能每天每顿饭都吃鸡尾虾。

国际空间站上面没有厨房，也没有冰箱、火炉或者烤箱。所有的食物都是预先煮熟的，吃之前只需要稍微加热一下或者加点水即可。食物被存储在像牙膏袋一样的袋子中。空间站有专门的设备给这些牙膏袋里的食物加水。有一种说法是方便面里的蔬菜包就是这样发明出来的。当然这样的食物本身可能也没什么味道，吃起来也不会很可口。如果要在太空中生活一段时间，美食可能会成为一种奢求。

在太空生活一段时间以后，味觉几乎消失，味蕾也开始退化。味觉消失的原因是失重，原本附着在鼻腔壁的黏液都飘荡在鼻腔中，产生一种类似重感冒的效果，结果人的味觉消失了。如果长期在空间站上生活，在返回地面之后，宇航员们将不能很好地品尝味道，食物尝起来也会觉得和从前不一样，所以宇航员们会吃辛辣的或者是其他味道重的食物来改善这一点。

在太空中，所有的食物都必须用容器装好，比如汤必须装在袋子里。早期的宇航员

太空食物

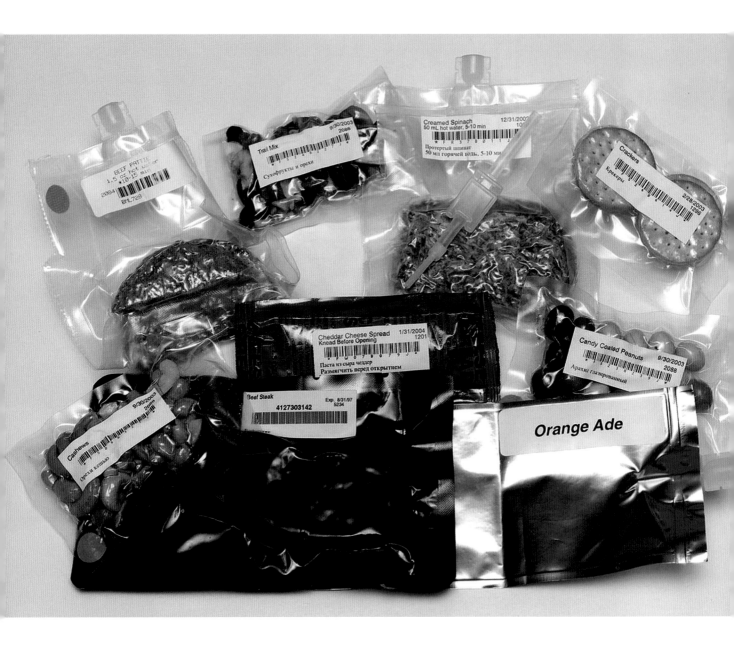

会拿汤来游戏。如果把汤从勺子里倒出来，汤会形成一个球在空中飘浮；如果再用勺子
碰这个球，这个球会分裂成很多小球。因此，一般情况下，宇航员们通过一个吸管从袋
子里喝汤。很多太空食物都装在罐头或者袋子里。没有人希望食物在空中飘来飘去，卡
在昂贵的设备上或者粘在墙上。

　　宇航员用餐具用餐时，他们必须小心防止那些汤勺和盘子飘走，需用磁铁、橡皮筋
或者尼龙扣将其固定在桌子上。餐桌边没有椅子，宇航员们做饭或者吃饭时都飘浮在空中。
他们在休息时也会在餐桌边逗留。

睡

宇航员每天的生活都有时间表，他们有很多事情要做。当然，他们也需要时间休息。通常他们每天需要睡8个小时，和地球上生活的人差不多。

睡眠时间非常重要，在太空中没有真正的白天黑夜。在空间站中的宇航员每45分钟就会看到一次日出或者日落，或者说每24小时他们会看到15次日出。为了和地球上的生活习惯一致，他们必须计划好他们的睡觉时间和醒着的时间。

每个宇航员都有一个很小的睡眠舱。睡眠舱里没有床，只有一个睡袋，宇航员把自己系在里面睡觉。如果不系好，宇航员会在睡眠舱中飘来飘去，还可能会撞到东西。曾经有宇航员半夜醒来，不知道自己面前飘来飘去的是什么，后来才发现是自己的手臂。

宇航员必须睡在换气扇附近，否则他们可能会被自己呼出的二氧化碳包围而窒息。换气扇会把二氧化碳吹走，以保证宇航员获得正常呼吸需要的氧气。

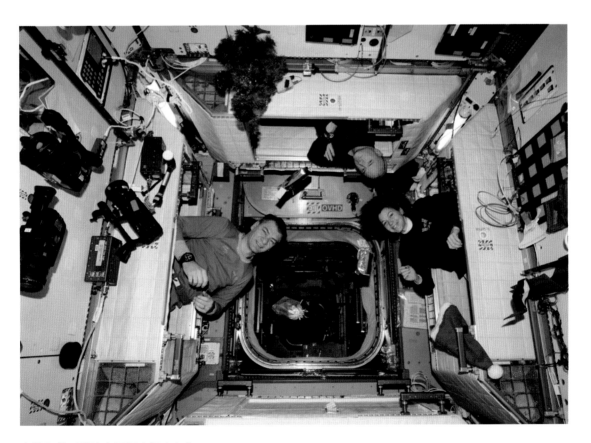

宇航员从睡觉的小隔间中探出身体

刚刚登上国际空间站的宇航员可能很难入睡。一方面空间站很吵，因为这些仪器设备和风扇有噪声，宇航员睡觉时会戴着耳塞；也有的说法是听到这些噪声宇航员才会觉得安心，如果听不到反而会觉得可能发生了事故。另外，刚刚登上空间站的宇航员都非常兴奋，这种兴奋可能会持续一个星期左右。这种心情很容易理解，小读者们到一个新的地方旅游也都会非常兴奋，何况宇航员登上的是普通人去不了的几百公里的高空。

个人卫生

在太空中生活，宇航员也需要刷牙、洗头发，当然做这些事情的难度比在地面上要大。

所有的个人卫生物品都被装在一个挂在墙上的袋子里。如果把牙膏或者香水放在书架上，它们就会到处飞。空间站中几乎所有的设备和物品都被固定在舱内。

空间站中没有洗衣机。宇航员的衣服都是穿完就扔。宇航员一般一套衣服穿三天左右，然后换一套新衣服，把旧的那套扔掉。在太空中换衣服也很难。还有一个现象是裤腿容易往上飘，所以宇航员们通常会穿短裤，或者穿一种有带子连在脚上的裤子。

空间站中没有淋浴，因为太空中没有重力，水会附在人体上，而不是顺着人体流下来。

宇航员在空间站中洗头发

所以，宇航员用毛巾擦拭身体，而不洗淋浴。他们用不需要冲洗的洗发水来洗头发。

宇航员刷牙用的牙膏是可以吃的。他们不能把牙膏吐在水池里然后冲走。如果那样做的话，牙膏会跑得到处都是。以前他们必须用能吞下的牙膏，当然现在也可以把牙膏吐在纸巾上，然后把纸巾进行回收。

国际空间站上现在有两个厕所，一个在"星辰号"，一个在"宁静号"。上厕所的时候，宇航员必须和厕所绑在一起。空间站的厕所中没有水，厕所会把排泄物吸到一个存储箱里。排泄物中的水被回收，而固体排泄物则被送到"进步号"

"星辰号"里面的马桶

上丢弃。宇航员上厕所需要的时间要比在地面上长 10 ～ 15 分钟。有些宇航员甚至说上厕所才是在空间站上生活最大的挑战。

锻炼

宇航员需要很多锻炼。在地球上，只要稍微有动作，我们就在运动我们的肌肉。而在太空中，因为缺少重力，人们并不怎么用肌肉。长期如此肌肉就会开始失去力量，骨骼也会变得脆弱。为了保持肌肉、骨骼还有循环系统的健康，宇航员每天至少锻炼两个小时，他们有专用的锻炼工具。

宇航员用跑步机锻炼。跑步机不固定，连在宇航员身上，在舱内飘浮着，可以跟着宇航员到处走。宇航员也用一种锻炼用的自行车。自行车固定在空间站上，宇航员把自己固定在自行车上。

还有一种锻炼方法就是举重。空间站上有一种可以模拟重力的设备，用起来感觉就像举重。如果不用模拟重力设备，举 100 磅就像拿一根羽毛那样轻松，完全不能起到锻炼的效果。

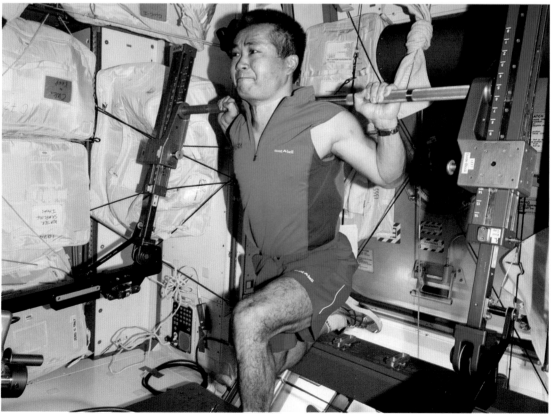

宇航员在空间站中健身

即使经常锻炼，宇航员的骨骼也会变脆。科学家在研究怎样才能让宇航员的身体保持健康。这个问题必须解决，否则人类就不能在太空中生活更久，而且长时间星际旅行的梦想也就无法实现。现在看来，长期太空生活带来的问题正在一个一个地暴露出来，而科学家们也在采取措施，一个个地去解决。到目前为止，还没有发现哪个长期太空生活导致的问题是无法解决的。

工作

宇航员登上太空的理由是做实验。他们每天都花大量的时间做研究，做大量各种各样的实验。他们研究火焰和燃烧，研究地球的特性，因为他们有独特的对地视角。他们也用望远镜研究更远的宇宙，当然有时候也进行太空授课，以电视直播的方式给地面上的小学生上课。不知道将来的空间站中，会不会有宇航员成为网络红人，直播太空中的生活和工作场景。

宇航员做的大部分实验都是研究人体是怎么应对太空生活环境的，这导致有时他们把自己也当作了实验品。

有些实验研究的和在太空中长期生活相关，如果我们想把人送到更远的空间，他们就有可能在太空中生活几年；有些实验了解如何在太空中种粮食，如果一段太空旅行需要几年，他们就必须自己种粮食、生产食品。

有些宇航员的工作就是维护国际空间站。如有些部件损坏了，宇航员就必须更换，确保空间站上的每个零件都在正确地工作，解决遇到的每一个问题。

休闲

宇航员在太空中并不是时时刻刻都在工作，也有休闲的时间。在空间实验阶段，宇航员在太空中的时间被安排得非常满，这引起了宇航员的不满。随后宇航员被允许有一些时间休息，他们可以做他们自己喜欢的事情。

有些休闲娱乐活动在太空中也很难进行，比如打扑克。如果不抓住扑克牌，它们就会到处飞。

但是宇航员可以读书、看电影、和家人通电话、玩电脑，还可以相互聊天。他们也喜欢看窗外。空间站窗外的风景美丽异常，无论是漫天繁星，还是银河；或者是日出日落，又或者是看地球上的大海或者冰原，这些都是地面上看不到的奇观。即使在空间站上生活了几个月之后，宇航员还是会说窗外的景色非常优美，看不腻。

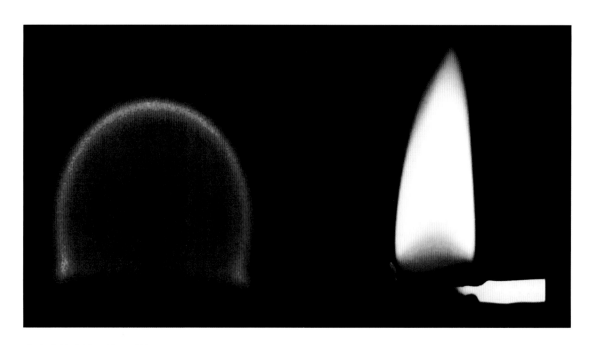

太空中的火焰和地面对比

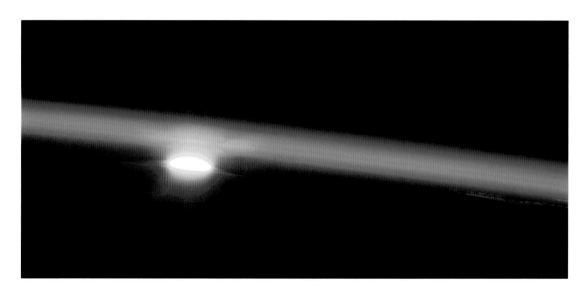

空间站上看到的日出景象

CHAPTER 7

第七章

中国的空间站之路

万无一失

中国从 20 世纪 90 年代初开始规划，选择了从飞船到太空实验室，然后到空间站的发展道路。这个规划从 1992 年 1 月开始，所以有个代号叫"921 工程"。到目前为止，我国已经顺利完成了从载人飞船到太空实验室的计划，正在进行空间站的建设。

圆 满 成 功

神舟系列飞船

我国著名的航天专家东方红卫星有限公司的总工程师张永维参与了"神舟系列飞船"这个规划。90 年代初的时候，航天飞机虽然暴露出来了一些问题，但是还没有完全停飞。张总等专家坚决选定了一条稳妥的方案，使中国的载人航天少走了很多弯路。

中国的载人飞船从"神舟一号"实验开始，经过了"神舟二号""神舟三号""神舟四号"多次实验。这四次实验发生在 1999 年、2001 年和 2002 年。其中，"神舟一号"和"神舟二号"都实验的是无人飞船，"神舟三号"和"神舟四号"都在 2002 年发射，搭载着模拟人。模拟实验成功以后，2003 年"神舟五号"搭载着我国第一位宇航员杨利伟上天。杨利伟成功地返回了地面，也为我国的载人航天开了一个好头。

"神舟五号"之后，我国于 2005 年发射了"神舟六号"，2008 年发射了"神舟七号"。

"神舟五号"搭载的我国第一位宇航员杨利伟

"神舟六号"事实上在"神舟五号"的基础上取得了很大的进步。比如宇航员从一个增加到两个，在太空中的停留时间从 21 小时增加到 119 小时，还实验了太空专用的马桶。到"神舟七号"，翟志刚进行了第一次出舱行走。

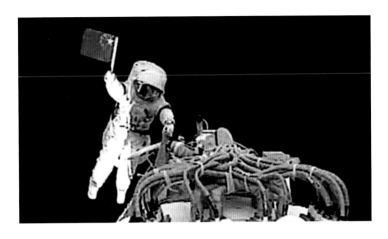

翟志刚出舱行走

"天宫"系列与交会对接

从"神舟八号"开始，就开始实验空中对接的技术。为了稳妥起见，"神舟八号"没有载人，只是搭载了一个模拟人，并于 2011 年 11 月 1 日发射升空。太空实验室"天宫一号"于 2011 年 9 月 29 日发射，到"神舟八号"发射的时候，已经在太空中飞行了一个多月。11 月 3 日凌晨，"神舟八号"顺利地与"天宫一号"对接。2012 年，"神舟九号"搭载着宇航员与"天宫一号"成功对接。"天宫一号"是中国空间站的起点，它的正常运行并且和"神舟八号""神舟九号"的成功对接，标志着我国已经拥有了建立初步空间站的能力。随后"神舟十号"搭载着几名宇航员进入"天宫一号"，还进行了太空授课。"神舟十号"和"天宫一号"进行了多次的交会对接实验，进一步巩固了这项技术。

在完成"天宫一号"技术实验之后，随后的"天宫二号"开展了一系列的科学实验，比如空间科学实验、空间应用实验以及航天医学实验等。相比"天宫一号"，"天宫二号"对饮食居住环境进行了改善，比如"天宫二号"的食品多种多样，比传统的太空食品在味道方面有了很大提高，另外宇航员还可收看地面的电视节目，能经常和地面进行通话。为了保证宇航员在失重状态下的身体健康，"天宫二号"内还配置了力量训练设备等。

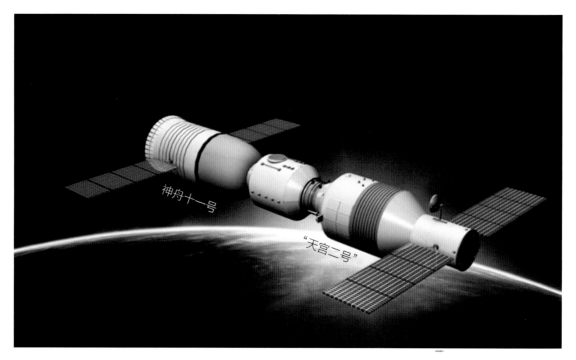

"神舟十一号"与"天宫二号"对接成功

中国宇航员王亚平太空授课

"天舟"货运飞船

2017 年 4 月，我国又成功地实验了"天舟一号"货运飞船，并且进行了"天宫二号"的推进剂补给，通俗地说，就是给"天宫二号"加油。在前一章中我们介绍过，空间站在轨飞行中会受到空气阻力，使飞行高度降低，因此需要消耗燃料来保持高度。"太空加油"对于一个长期工作的太空站来说是一项必不可少的步骤。另外"天舟一号"还成功突破了自主快速交会对接，为我国空间站的研制建设和运营管理积累了重要经验。

"天舟一号"货运飞船

中国空间站计划

中国空间站，是一个在轨组装成的具有中国特色的空间实验室系统。空间站由核心舱天和、实验舱 I 问天、实验舱 II 梦天组成，整个空间站的形状像一个汉字"中"。

我国计划在 2022 年前后建成空间站。空间站轨道高度为 400~450 千米，倾角42~43 度，设计寿命为 10 年，长期驻留 3 人，总重量可达 90 吨，以进行较大规模的空间应用，并成为我国长期在轨稳定运行的国家太空实验室。

具体来说，天和舱用于空间站的统一管理和控制以及宇航员生活，有 3 个对接口和 2 个停泊口。从功能上看，天和舱相当于"曙光号"和"星辰号"的综合体，既有功能模块保证空间站的运转，又提供生命保障系统使船员能在空间站中生活。停泊口用于对接问天舱、梦天舱，与天和舱组装形成空间站组合体；对接口用于"神舟"飞船、"天舟"飞船及其他飞行器访问空间站。

实验舱内计划安置一系列的空间实验柜、舱外暴露实验平台以及共轨飞行的巡天光学舱，支持在轨实施空间天文、空间生命科学与生物技术、微重力基础物理、空间材料科学等学科领域的科学研究与应用项目。从之前"天宫"和其他一些返回舱的实验结果来看，这些项目前景很好，有希望取得一些技术和理论方面的突破性进展。

目前，空间站研制建设稳步进行，主要系统关键技术攻关已经完成，各系统正在按计划开展初样、正样研制及实验。这是我国空间项目研制中的一些必经阶段。初样就是一个实验性的样机，可以完成设备所需要完成的功能。通过研制初样就可以更好地掌握研制设备需要

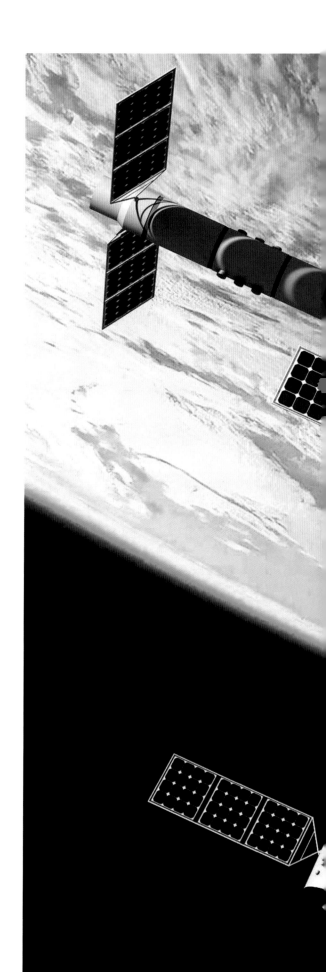

中国空间站计划概念图

的步骤和技术，为后续的工作奠定基础。通过对初样进行测试就能保证正式研制出来的产品的质量和可靠性。正样是指正式发射的产品。通过初样研制取得的经验，可降低正样研制的失误和风险。这对于航天工程的成功以及保障宇航员的生命安全都是有好处的。

到目前为止，"天和一号"实验核心舱完成了初样阶段的综合测试、真空热实验等大型实验，即将转入正样研制。也就是说这个实验舱已经完成了一个初始的实验样本，马上就开始进入正样，也就是正式上天的成品的研制了。问天舱和梦天舱完成了初样舱体结构生产，正在开展总体安装工作。长征五号B运载火箭也完成了初样阶段研制工作，目前正在进行飞行产品生产。

宇航员系统开展了长期载人飞行综合模拟验证、出舱活动水下验证等大型地面实验。第三批预备宇航员选拔的初选工作已完成，舱外航天服正在进行飞行产品生产。空间应用系统已基本完成空间站载荷项目方案研制工作，航天医学、航天技术等应用领域正在按计划开展研制工作。"神舟"飞船、"天舟"飞船，以及长征二号F、长征七号运载火箭正在进行正样产品组批生产。

酒泉发射场、海南文昌发射场等按计划启动实施了设施设备改造相关工作。

总的说来，我国的载人航天发展对比美国和苏联早期的载人航天实验要顺利得多，进展也要快得多。从加加林第一次登上太空，到建设"和平号"空间站，苏联经过了25年的时间，中间有数名宇航员牺牲。美国也用了差不多长的时间，才完成了从载人飞行到长期驻留太空的过渡，虽然在空间站的建设过程中没有宇航员牺牲，但是航天飞机事故造成了多名宇航员牺牲的悲剧。如果我国能在2022年完成空间站的建设，我国就只用了十多年的时间完成了从载人实验到空间站的过渡，而且到目前为止，我国所有登上太空的宇航员都平安地返回了地面。

期待2022，我国的空间站能完成建设并正常运行，并续写我国航天新的辉煌篇章。

CHAPTER 8

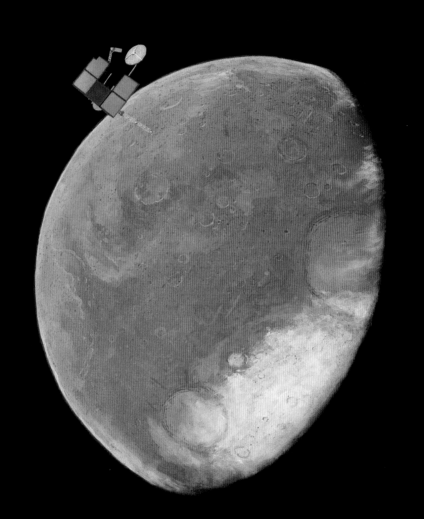

第八章

将来

没有什么是永恒的。第一个空间站"礼炮一号"只运行了半年时间。随着技术的发展，国际空间站可以长期运行。但是，长期也仅意味着它能正常运行 10 ～ 20 年，不会到真的到永远。

　　在接下来的几年里，国际空间站会何去何从、有没有替代计划，科学家们正在思考这些问题。

退休

国际空间站的维护费用非常昂贵。同时，空间站的零部件也日渐老化，需要花很多钱来替换和维修。站上使用的主要技术也开始过时，大量更加强大的新技术涌现出来。最终，维护一个旧的空间站会失去意义，不如建造一个新的空间站。

根据现在的计划国际空间站会保持运行到 2030 年。负责空间站运行的国家和政府都已经承诺会一直支持。然而，国际空间站有可能会存在更长的时间。目前，没有人确切知道空间站还会运行多久。在它的时间表上，已经计划了好几个探索任务。可以肯定的是，它不会马上退休。

即使国际空间站退休了，它的一些部件也可以重复使用。我们可能会建造一个新的空间站，或者其他在太空中运行的东西。那时我们就可以使用现有国际空间站上的一些部件来建新的；不能继续使用的部分将会根据控制指令掉落到海上，就像"和平号"空间站一样。有计划地控制空间站掉落可以防止它成为一块太空垃圾，要知道那可是一个跟足球场差不多大的家伙。

就像我们在之前的章节中提到的，国际空间站更像是太空探索的一个演练。我们需要了解人类怎样才能在太空中生活相当长的时间，而空间站上宇航员的实验给我们提供了很多有价值的参考信息。

我们也学会了在空间探索中如何合作。下一步人类可能会登陆火星，或者更远的星球，那将会是一个巨大的项目。只靠一个国家的力量可能无法完成，需要很多国家一起团结协作。

15 个在国际空间站项目中合作的国家已经证明，在空间探索中，不同国家是可以很好地协作的，即使是俄罗斯和美国这样的"冷战"中的宿敌也会紧密地团结在一起。

国际空间站之后的太空计划会是什么呢？

国际空间站是目前最大的空间项目，很多国家都参与其中，以保证空间站正常运转，他们也送宇航员上去做太空实验。最后，科学家们和政府将会想出新的空间项目。美国 NASA 在考虑把人送上小行星，接下来有可能是登陆火星。

月球轨道空间站计划

美国 NASA 提出了一个名为"门户"（Gateway）的月球轨道空间站计划。这个计划将在月球轨道附近建设一个空间站，并以此作为开发深空的门户。美国 NASA 将和一些商业公司还有国际合作伙伴一起来进行这个计划。月球空间站涉及的科学领域很广，包括行星科学、宇宙学、地球观测、空间物理、基础空间生命和人体健康等。

前文中提到过现有的空间站是在地球轨道附近进行技术实验，而技术实验的成果我们可以用来开发月球。月球轨道空间站计划的基本出发点是，如果我们在月球附近建造并且维护这样一个空间站的话，往返于空间站和地球之间的技术积累，将会更好地用于将来的深空载人飞船的研制，同时这个空间站也可以作为去往火星的中转站。

月球空间站将运行在一个环绕月球的椭圆轨道上。近月点离月球 1 500 千米，远月点则为 70 000 千米。如果用每秒 730 米的火箭，从这个轨道去月球只需要半天时间。相比之下，从地球去月球，最快也需要几天时间。比如我国的"嫦娥一号"飞抵月球就花了 11 ～ 14 天。这个轨道比较稳定，相比国际空间站每年需要消耗大量的燃料来维持轨道，维持这个轨道只需要每年 10 米 / 秒的速度增量。

和国际空间站一样，计划中的月球空间站也是由模块拼接而成的，现在的计划包括七个主要模块。

第一个模块是能源和推进模块，相当于空间站的"曙光号"，给空间站提供能源和动力。这个模块将被最早发射上天，现在计划的发射时间是 2022 年。这个模块将由 NASA 建造。

欧洲系统模块，这个模块将提供加油和通信等空间站必备的基础设施。第一个模块里也包含通信设备，不过欧洲系统模块会提供更强大的通信链路。

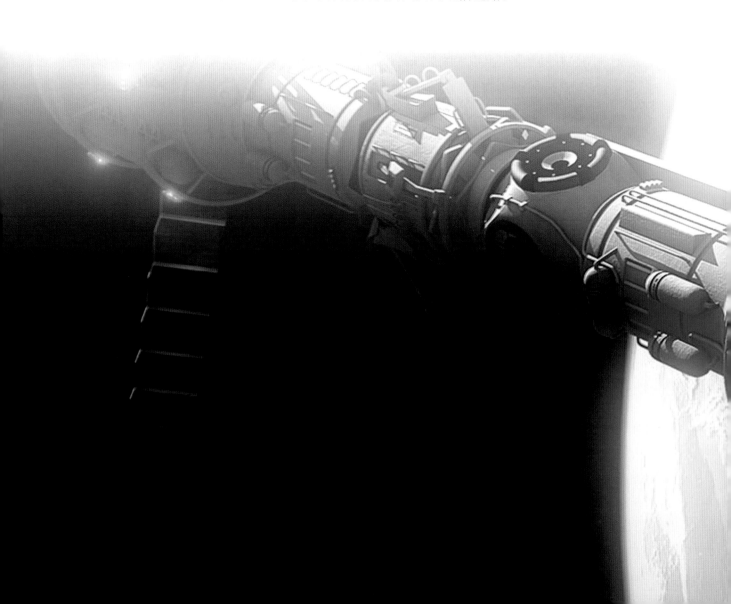

　　美国应用模块，这个模块会包含一个加压舱，对应于空间站的"团结号"，可以给宇航员提供必要的生活保障、氧气、水和食物。

　　国际合作伙伴居住舱和美国居住舱将会提供更多宇航员生活的空间，相当于国际空间站的"命运号"和"和谐号"。这两个居住舱总的可供生活的空间达到了125立方米。

　　门户后勤模块将会用来加油，还包括其他的后勤保障设备，包括一个由加拿大生产的加拿大臂。加拿大臂这个国际空间站建设中的功臣也将在新的空间站中发挥它的作用。还有一个模块是气闸舱模块，方便宇航员进行舱外活动。这些模块我们在之前国际空间站的章节中都已详细介绍了。

　　确切地说，这个空间站的建设只是载人火星探测计划的第一步。根据这个计划，门户空间站将会在2022年开始建设，2027年会开始建设一个叫"火星运送飞船"的部分。这个火星运送飞船就是计划中进行载人登陆火星的飞行器。2033年，这个火星运送飞船将会搭载宇航员开始火星之旅，实现人类历史上第一次登陆火星。

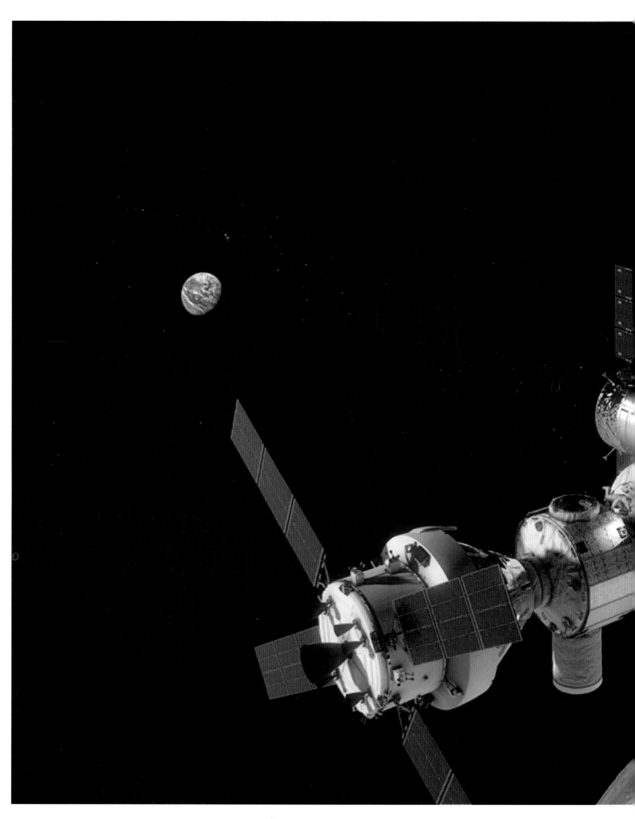

月球空间站想象图

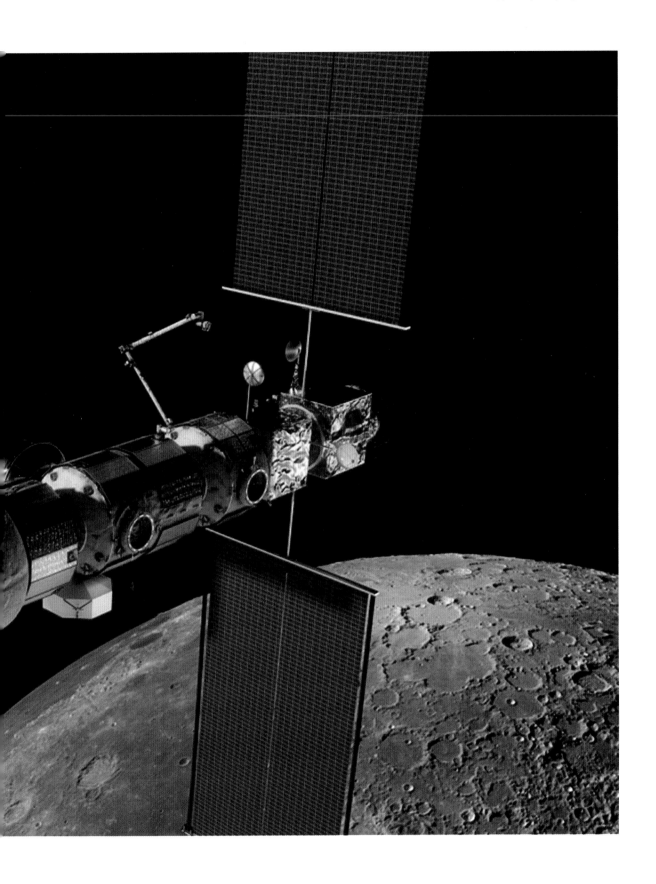

猎户座

深空门户

深空应答机

载人火星的第二阶段。从月球空间站发射飞往火星的载人飞船

将来的将来

空间探索发展的速度非常快。1957 年第一颗人造地球卫星上天，仅仅过了 12 年人类就成功登陆月球。又过了十几年就建成了"和平号"空间站，使人类可以开始长期生活在太空中。大型国际空间站的建设也仅仅花了不到十年的时间，中间还是因为一些事故的原因耽误了，要不然可能会更快。谁知道十几年或者几十年以后会发生什么？当小读者们长大成人，你们中可能有人会登陆火星，或者建造一个新的空间站，或者会去往更深的宇宙空间进行探索，也许还会有一个我们现在还无法预想的新目标。空间探索一直都在创新，也在不断开拓新的领域。人类在探索空间的领域中创造了一个又一个的奇迹。

将来会有什么新发现呢？让我们一起期待。

本书配有大量精美图片，主要选自美国国家航空航天局（NASA），喷气推进实验室（JPL）、欧洲空间局（ESA）等网站。作为科普读物，为了展示更多的天文景象，部分来自网络的图片没有注明出处，在此对这些网站表示衷心的感谢。